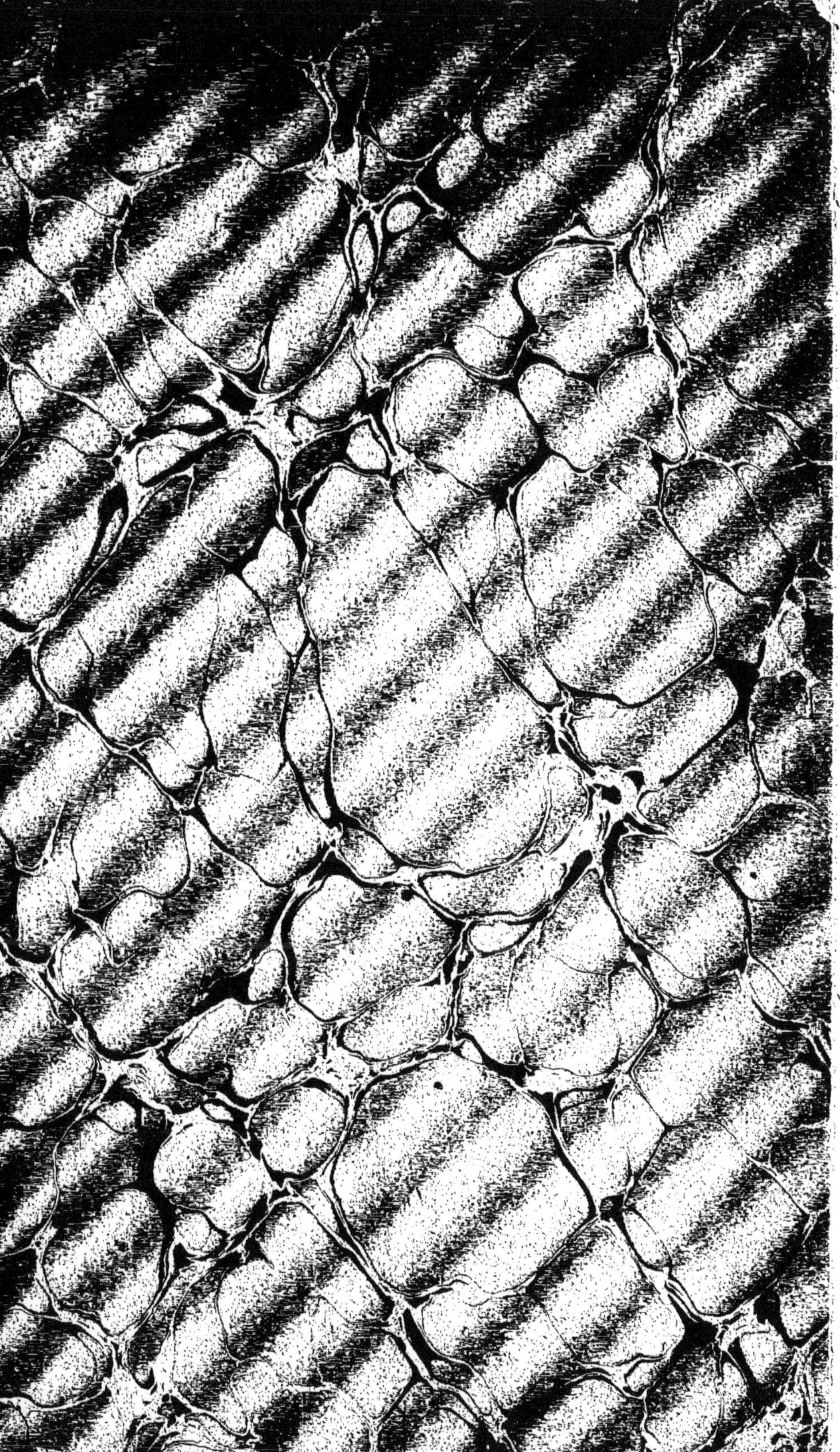

BENJAMIN GASTINEAU

CHASSES
AU LION ET A LA PANTHÈRE
EN AFRIQUE

Illustrées de dix-sept dessins sur bois, par Gustave DORÉ

LE ROMAN COMIQUE ET LES LÉGENDES DE L'ALGÉRIE

PARIS
LIBRAIRIE DE L. HACHETTE ET Cie
14, RUE PIERRE-SARRAZIN, 14
1863

CHASSES

AU LION ET A LA PANTHÈRE

EN AFRIQUE

IMPRIMERIE NOUVELLE
E. Mazereau, 11, passage Richelieu
à Tours.

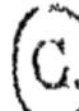

BENJAMIN GASTINEAU

CHASSES

AU LION ET A LA PANTHÈRE

EN AFRIQUE

Illustrées de dix-sept dessins par Gustave DORÉ

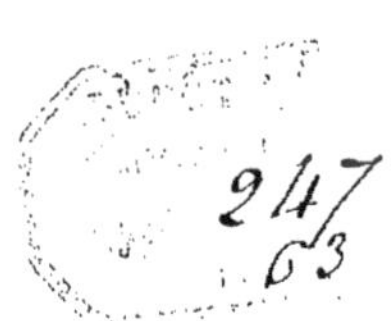

PARIS

LIBRAIRIE DE L. HACHETTE ET Cie

14, rue Pierre-Sarrazin, 14

1863

INTRODUCTION

Oublions nos mœurs, nos habitudes, notre civilisation; franchissons la Méditerranée, et soyons Africains pour une heure.

Ce n'est pas la France avec les richesses, le comfort, les agréments, les délicatesses, les mièvreries, les raffinements de sa civilisation, avec son climat tempéré, ses jardins chargés de fleurs, ses paysages dorés et coupés de ruisseaux, — ses palais, ses théâtres, ses bals, ses expositions, — ses savants, ses artistes et ses industriels, — ses femmes spirituelles et coquettement parées, — ses livres et ses journaux, — son agitation féconde et son perpétuel mouvement; c'est l'Afrique nue, sauvage, monotone, avec ses jours brûlants et ses nuits froides, son *simoun* et son ciel d'airain, ses montagnes aux jets aériens, aux plans grandioses, ses sphinx, son désert et ses oasis, son immobilité et son fatalisme, son burnous, son Koran et sa tente, ses étranges concerts de chacals, de panthères et de lions!

Votre regard ne se brise plus aux tours de Notre-Dame

de Paris ou au dôme du Panthéon ; il se perd dans les lignes indéfinies d'un immense horizon et découvre, par delà les assises des monts, les lointaines perspectives du désert. Nous chercherions en vain cette population capricieuse et passionnée, sensuelle et artiste, ardente au plaisir et au labeur, mobile dans ses goûts, prosée dans ses mœurs, fiévreuse dans ses idées ; la réalité africaine nous montre une race placide, pétrifiée, calquée sur une pensée éternelle, orgueilleuse de son uniformité, de son ignorance, de sa croyance religieuse, de son austère simplicité.

BENJAMIN GASTINEAU.

Paris, avril 1863.

I.

La bête triomphe en Algérie; elle est l'aliment obligé de toutes les conversations. A déjeûner, les narrateurs vous servent le lion; la panthère est réservée pour le dîner, et à la légère collation on se contente du chat-tigre et de l'hyène. Avoir vu le lion équivaut à avoir vu le loup en France.

Les tueurs de bêtes féroces sont donc choyés et recherchés. Ce sont les penseurs et les artistes du pays. Leurs exploits passent de bouche en bouche. Les dames leur tressent des couronnes; volontiers elles les ceindraient d'écharpes, comme au moyen âge les chevaliers qui allaient conquérir le tombeau du Christ, et les déifieraient sur le patron d'Hercule ou de Thésée.

Mon tueur de lions et de panthères est complétement inédit, et si je ne m'étais rencontré avec lui à Souk-Arras, il serait sans doute mort inconnu du monde européen, emportant dans son cercueil sa belle épopée des trente-neuf lions et des quinze panthères qu'il a tués, et qui ont marqué son corps de coups de griffes et de coups de gueule, baisers et étreintes de bêtes féroces à l'agonie, que j'ai vus de mes yeux et touchés de mes doigts. J'ai vu les cicatrices encore béantes des griffes de la lionne sur son omoplate, et j'ai mis les doigts dans les trous de son crâne creusé par les coups de dents de la bête. Quant à la liste de ses exploits, elle est inscrite sur les registres du bureau arabe de Souk-Arras. Il n'y a pas de saint Thomas qui puisse douter de la réalité des faits ainsi stéréotypés sur le papier et sur l'homme.

Ahmed-ben-Amar m'a raconté lui-même ses prouesses. J'écris en ce moment son odyssée sur des notes prises au crayon, en l'écoutant dans la forêt d'Aïn-Sanour. Comment pourrais-je communiquer à mes lecteurs les impressions terribles que ses récits m'ont fait ressentir? Quelle plume pourrait rivaliser avec ce théâtre en action, cette parole vivante, chaude, concise, colorée, modulant les gammes les plus étranges : rugissements du lion, miaulements de la panthère, aboiements plaintifs du chacal, jusqu'aux frémissements nocturnes des forêts; — ces yeux, qui, par leur éclat et leur fixité, magnétisent la bête féroce, — cette mobile physionomie dépeignant tour à tour l'attente paisible du danger, la résolution, l'enthousiasme, l'orgueil; cette pantomime mettant en mouvement tous les signes, tous les décors, toutes les créations de la nature? Ben-Amar est le premier homme qui m'ait fait comprendre qu'en l'homme se résume le théâtre tout entier de ses moyens d'action.

Ahmed-Ben-Amar, le tueur de lions et de panthères.

II.

Ahmed-ben-Amar a perché son nid d'aigle sur un plateau de la forêt d'Aïn-Sanour, qui roule ses chênes-liége et fait ruisseler ses ravins de verdure jusqu'à la plaine où Souk-Arras est bâti. Singulière ville que Souk-Arras, ancienne Thagaste, cité native de saint Augustin, qui a été détruite par les Vandales; sa position sur la route de Carthage à Hippone lui donnait autrefois une grande importance. Thagaste faisait partie de la Numidie. Le champ de bataille de Zama, sur lequel se décida, par la défaite définitive d'Annibal, la ruine de Carthage, se trouve aux environs de Souk-Arras. Cette contrée fut également le théâtre des opérations militaires contre Jugurtha, et de la défaite des Vandales par Bélisaire. A Thagaste se rattache le souvenir des grands noms de l'antiquité.

En 1856 et en 1857 encore, avant que Ben-Amar purgeât cette contrée de lions et de panthères, on ne pouvait venir sans danger de Souk-Arras à Bone; il fallait faire la part du lion; et bienheureuse la caravane qui passait saine et sauve en abandonnant sur ses derrières quelque mulet ou quelque cheval au roi des forêts. Aujourd'hui, grâce aux hécatombes de Ben-Amar, qui a fait œuvre de pionnier de la civilisation, la route est sûre, à moins qu'on ne chemine ou chevauche du côté de la frontière tunisienne; alors on risque de tomber dans une embuscade de Cromirs, tribus de pirates qui rôdent sans cesse autour de nos frontières de la Calle et de Souk-Arras, cherchant quelque proie à dévorer, —*quærens quem devoret,* — volant, égorgeant ou enlevant les Européens isolés. Au mois de juillet 1858, un habitant fut assassiné aux portes de Souk-Arras. On ne put retrouver le tronc du cadavre; la tête seule fut enterrée au cimetière de Souk-Arras.

On voit que Souk-Arras, auquel son admirable situation, sa ceinture de trente mille hectares de forêts et ses montagnes recélant des richesses minérales considérables, réservent un brillant avenir, est encore à l'état primitif. Sa population hétérogène de Maltais, d'Italiens, d'Allemands, de Juifs, de Tunisiens, de Mozabites, de Français, connaît à peine l'usage du lit et mange plus souvent des filets de panthère et des tranches de lion que des filets de bœufs. J'ai mangé à Souk-Arras, apprêtés par mes amis, d'exquis morceaux de panthère. La chair du lion est beaucoup plus dure que celle de la panthère. Quelques habitants de Souk-Arras, empoisonnés et surexcités par les mauvaises liqueurs dont ils font un étrange abus, ont plus souvent le couteau à la main que la raison à la bouche. En un mot, Souk-Arras donne une idée exacte du premier noyau dont a été formée la population algérienne, noyau d'aventuriers, comme toutes les populations coloniales, de chercheurs de fortune, d'individus rendus nomades par la nécessité de faire oublier leurs dettes ou de fuir un compromettant passé, et qui finissent, après des opérations très-hasardeuses, en excellents chrétiens, honnêtes propriétaires, et dignes gardes nationaux veillant au maintien de la moralité publique.

III

Ahmed-ben-Amar, d'origine mulâtre, est né au Keff, en Tunisie. A peine adulte, il tua un sanglier. Son premier exploit se fit sur un lion qui était venu ravager sa tribu. Après avoir abattu deux bœufs, le terrible animal se dirigeait vers le premier blessé pour s'en emparer, lorsque le jeune Amar, caché derrière le bœuf, lui brisa audacieusement le crâne à bout portant. La joie du triomphe, la sensation du bonheur qu'il éprouva à ce moment, décida de sa vocation de chasseur. Il débarrassa sa tribu des lions qui l'importunaient et répondit à l'appel des tribus voisines dont les troupeaux étaient décimés par la gent léonine. Il vint ainsi dans les forêts de Souk-Arras, peuplées de lions et de panthères.

C'est en plein jour, à la face du soleil, que Ben-Amar a tué la plupart de ces animaux féroces, et non pas traîtreusement la nuit. Cependant, il a son costume de nuit, burnous noir, et son costume de jour, burnous blanc.

Dès l'aube, Ben-Amar part, armé d'un fusil arabe à rouet et à pierre et d'un couteau arabe dans sa gaine, à la rencontre des lions et des panthères dans les forêts qui entourent Souk-Arras, et chasse jusqu'à ce qu'il ait trouvé son gibier. Il marche rapide et discret comme le vent; il passe silencieux comme le fantôme d'Hamlet au château d'Elseneur; il glisse entre les fourrés de bruyères, de lentisques, de cactus, comme un chat-tigre. A peine si l'oreille la plus fine pourrait saisir le frôlement de son passage qui se confond avec la brise. Dès qu'il a trouvé une piste, il traque le lion et la panthère comme en France on traque un lapin ou un lièvre. Avec l'ardeur d'un soldat français montant à l'assaut, il aborde de front l'animal, qu'il va chercher dans son antre, dans un fourré, et qu'il appelle à lui en faisant claquer sa langue contre son palais, l'attaque, le tire, et lutte souvent corps à corps avec la bête lorsqu'elle n'est que blessée.

Telle est la manière de chasser du mulâtre musulman Ahmed-ben-Amar, surnommé *le Negro,* et dont l'héroïsme est tellement apprécié, que deux courageux officiers, chasseurs de lions, m'ont dit :

— Notre maître en saint Hubert, sans en excepter Gérard, et qui nous dépasse tous de cent coudées, c'est l'Arabe Ahmed-ben-Amar, n'opposant à la bête féroce ni balles explosibles, ni balles à pointes d'acier, ni appâts, ni piéges, mais seulement un mauvais fusil arabe, un couteau et sa force musculaire.

Maintenant, nous allons donner à nos lecteurs le récit de quelques-unes des chasses d'Ahmed-ben-Amar. Nous choisirons naturellement dans nos notes les chasses les plus remarquables, les plus fertiles en incidents dramatiques.

IV.

La première chasse d'Ahmed-ben-Amar se fit à l'appel d'Arabes de la Medjerda, dont un lion noir avait déjà dévoré chevaux, bœufs et mulets. Après avoir recueilli les indications des indigènes, victimes de la rapacité du lion noir, Ben-Amar, par une de ces lumineuses nuits d'Afrique qu'éclairent comme un jour d'Europe la lune et les étoiles brillantes, se blottit derrière un gros chêne-liége, sur le passage habituel de l'animal. En effet, le chasseur ne tarda pas à entendre une sonore respiration, et vit bientôt deux énormes lions marchant côte à côte et presque au pas, comme deux soldats aguerris.

Ahmed laissa le couple le dépasser de dix pas dans le sentier; à cette distance, un désir anacréontique ayant stimulé le lion, il passa la patte autour du cou de la lionne, qui rugissait. Le moment était favorable pour l'attaque. Ahmed fit feu sur le lion en le prenant par le flanc. La balle le traversa de part en part et blessa légèrement la lionne, qui s'enfuit. Ben-Amar, toujours retranché derrière l'énorme tronc d'arbre, se hâta de recharger son fusil, en prévision d'une attaque. En effet, le lion vint de son côté et fit un terrible bond, que Ben-Amar évita en tournant autour du chêne qui lui servait de bastion. Le lion tourna avec lui, et ce manége dura quelques minutes, jusqu'au moment où bête et chasseur se trouvèrent face à face. Alors Ben-Amar déchargea à bout portant son fusil sur le lion, dont le crâne sauta. Il alla requérir le plus fort mulet de la tribu voisine, car le lion était de telle taille, qu'on ne pouvait tenir sa queue entre les deux mains rapprochées, et qu'il fallut faire reposer le mulet, en le déchargeant de cent pas en cent pas Amar porta ce magnifique lion noir au bureau arabe de Souk-Arras, et toucha la prime allouée de quarante francs.

La chasse la plus dangereuse de Ben-Amar, qui faillit être sa dernière, et dont il gardera toute sa vie les traces, eut lieu dans la petite montagne de bois brûlé de l'Alfa, derrière la Medjerda. Il gravissait en plein jour cette montagne embroussaillée, lorsqu'à trente pas de lui il aperçut une lionne entourée de quatre lionceaux assez forts. Résolu et rapide comme la foudre, il vise aussitôt la lionne, la frappe d'une balle qui lui traverse l'épaule. Les lionceaux effarés se sauvent, leur mère s'enfuit d'un autre côté. Mais, selon son habitude, l'agile Ben-Amar avait promptement rechargé son arme et était arrivé à temps pour couper à la lionne le passage du sentier, qu'elle suivait en laissant sur ses traces une traînée de sang. A cinq pas d'elle il tira un second coup de fusil qui lui traversa le cou. Rugissante, elle bondit sur Ben-Amar, qui tomba et roula sous son poitrail. L'intrépide Arabe, à terre, ne perdit pas la tramontane : il sortit son couteau de sa gaîne fixée à sa ceinture et chercha à poignarder la lionne; mais, n'ayant pas assez de jeu, son couteau glissait sur le poil de son ennemie. Ben-Amar appartenait sans défense possible à la fureur de la lionne, qui le traîna au bord d'un profond ravin et le lâcha sur la pente de l'abîme. Ben-Amar s'accrocha à quelques touffes d'alfa, en serrant convulsivement dans sa main le couteau qui, jusque-là, lui avait été inutile. La lionne s'assit en rugissant devant lui comme pour le narguer. Ben-Amar répliqua à ses rugissements par les plus outrageantes épithètes qu'il put trouver dans son répertoire, la traitant d'*alouf* (sanglier), de *roumi* (chrétien), la taxant de lâcheté et de félonie, si bien que la lionne se rejeta sur l'Arabe, lui enveloppa la tête dans son haïck, et fit disparaître tête et haïck dans sa mâchoire. Amar labourait inutilement d'inoffensifs coups de couteau les flancs de son ennemie. La lionne, après avoir donné un coup de gueule au dur crâne d'Ahmed, — qui conserve encore aujourd'hui et qui conservera toujours sur son crâne la glorieuse couronne creusée par les dents de la lionne, — lâcha la tête d'Ahmed, le reprit avec ses griffes à la cuisse et le tint ainsi suspendu au-dessus de l'abîme. Par un mouvement énergique, dont est seul capable un homme de sa force musculaire, Ben-

Amar, réunissant tous ses efforts dans ce danger suprême, se redressa et plongea son couteau dans la gorge de la lionne, qui s'abattit et râla. Ben-Amar tomba mourant à côté d'elle; le sang coulait abondamment de ses cinq ou six blessures. Il perdit connaissance.

Concevez-vous un plus glorieux spectacle de la puissance humaine, que cet Arabe, évanoui sur la limite d'un abîme, aux côtés du terrible animal que son héroïsme a vaincu?

Revenu à lui, Ben-Amar, ensanglanté, eut le courage de se traîner sur les pieds et sur les mains jusqu'à un douar, puis il fut transporté à Souk-Arras. C'est à peine si Ben-Amar avait figure d'homme. Les coups de griffe et les coups de gueule de la lionne l'avaient mutilé et défiguré. On fut obligé de lui extraire deux petits os fracturés du bras droit; son crâne était percé à jour, et les quarante francs que le bureau arabe lui donna en recevant le corps de la lionne suffirent à peine à payer ses médicaments.

Une autre fois, dans une semblable circonstance, il fut plus heureux. Il avait jeté une pierre dans un fourré, lorsqu'il en vit sortir une lionne qui se dressa devant lui prête à s'élancer. Il la tira au cœur. Faisant un énorme bond, la lionne passa sur lui, le renversa et alla mourir plus loin. Il s'empara de deux lionceaux, et après quelques recherches, il retrouva le cadavre de la lionne.

V

Ben-Amar explorait le bois d'Aïn-Taoura, en plein jour, car il ne faut pas perdre de vue qu'à l'encontre de presque tous les chasseurs européens qui surprennent le lion la nuit, Ben-Amar a tué la plupart de ses lions à la face du soleil, sans se servir d'aucun appât, ni employer aucune ruse, faiblement armé d'un couteau et d'un fusil arabe, en poussant droit sur l'animal qu'il attaque souvent corps à corps, quoique le lion ait trois ou quatre cents fois plus de force musculaire que l'homme. Il ne faut jamais oublier les conditions héroïques dans lesquelles Ben-Amar a accompli ses chasses, pour l'apprécier avec justice. Là est son mérite, son originalité.

Ahmed-ben-Amar s'en allait donc insoucieux dans le bois d'Aïn-Taoura, sans penser à faire sitôt de rencontre sérieuse, lorsqu'en débouchant dans une clairière, il vit deux magnifiques quadrupèdes, un mâle et une femelle, s'arrêta court, visa la lionne et l'étendit. Le lion fit dix pas, chercha des yeux le meurtrier de sa compagne, ne vit rien, et revint vers la lionne qu'il lécha tendrement sur sa blessure mortelle. Ben-Amar choisit le moment favorable pour tirer. Il frappa à la tête le lion, qui tomba sur le premier cadavre.

Ahmed-Ben-Amar vendit les peaux cent francs à un officier supérieur en tournée d'inspection à Souk-Arras. Cent francs! quelle aubaine pour le pauvre Ahmed. Mais il n'était pas toujours aussi heureux, et achetait parfois ses quarante francs de prime du bureau arabe par des fatigues inouïes, témoin la chasse suivante.

Ben-Amar avait passé la frontière de Tunis, du côté de la Calle. Il avait battu sans succès une forêt du côté de la Medjerda; il était furieux de ne rien trouver. Enfin, en arrivant à pas de loup et s'embusquant derrière d'épaisses broussailles, limites d'une clairière, il découvrit la plus intéressante scène de famille que jamais pinceau flamand puisse représenter sur ses toiles intimes. Lion, lionne et lionceaux formaient un entrelacement sentimental, un Laocoon retourné : le lion léchant la lionne, les lionceaux jouant avec les énormes pattes de leur père. Ben-Amar, embarrassé, se demandait quelle serait la première victime de cette intéressante famille; il la triait déjà du regard. Par malheur, un de ses mouvements pour mettre en joue dérangea quelque brindille de la broussaille et mit debout, en un clin d'œil, toute la famille léonine. Se sentant en mauvaise situation pour résister à ce bataillon de lions, il se réfugia derrière un chêne-zend. La lionne, en bonne mère, qui voit sa progéniture en danger, courut la première sur lui, en ouvrant une énorme gueule. Ben-Amar la coucha à terre d'un coup de feu. Laissant la lionne se rouler sur le sol en rugissant, Ben-Amar rechargea promptement son fusil et s'élança, ardent et intrépide chasseur, à la poursuite du reste de la famille. Il descendit le cours de la Medjerda, battit les bois et le ravin, mais il ne put retrouver aucune piste de lion ni de lionceau. Tout en déplorant d'avoir manqué une partie de sa chasse faute d'un fusil à deux coups, il revint vers la lionne, qui avait rendu l'âme et qu'il porta, en se faisant aider d'Arabes, jusqu'au bureau de Souk-Arras.

VI.

La chasse à la panthère offre infiniment plus de dangers et de difficultés que celle du lion. Rien n'est plus débonnaire que le lion, ce pendant de l'ours Martin des Pyrénées, auquel les bergers pyrénéens donnent des coups de houlette. Les chasseurs européens prennent le lion au piége comme un renard surprend une poule; quelques-uns l'assassinent tout à leur aise et conquièrent sans péril sérieux les lauriers de saint Hubert. Mais quoique les naturalistes aient rangé le lion et la panthère, deux animaux de caractère bien différent, dans la même classe, et leur aient également assigné la distinction féline, sous prétexte que l'un et l'autre vivent, chassent la nuit et ont les prunelles dilatées par les ténèbres, la panthère seule est vraiment, pour la férocité, la ruse, l'énergie vitale, de race féline. Jamais, sinon au cas de légitime défense, le lion n'attaque l'homme.

Comme beaucoup de voyageurs, j'ai rencontré

A ma voix, une jeune moukère sortit un yatagan à la main.

maintes fois, en allant et en venant de Bone à Guelma et de Guelma à Bone, le lion couché sur le travers de la route. Une allumette chimique, un claquement de fouet suffisaient pour que messire lion, comprenant qu'il n'avait pas le droit d'intercepter la voie publique, nous livrât aussitôt passage. Il ne se sauvait pas; il se levait lentement, d'un pas grave et compassé de roi de tragédie, regagnait la montagne, — et nous passions.

Pendant mon séjour aux thermes de Hammam-Meskoutine, dans la province de Constantine, j'entendais de mon lit rugir et hurler lions et panthères. Je m'endormais bercé par ces rauques concerts en pleine forêt. J'ai vu des Arabes tuer à coups de matrak, derrière l'établissement de Meskoutine, un audacieux lion qui, en plein jour, était venu attaquer leurs troupeaux. Je suis allé souvent puiser de l'eau à une source où, à certaines heures de la nuit, le lion venait s'abreuver. Je ne dissimûlerai pas la vivacité de mon émotion lorsqu'un jour je l'aperçus près de la source, et non loin d'un douar.

— Le lion ! le lion ! m'écriai-je aussitôt, comme si j'eusse appelé à mon secours.

A ma voix, une jeune moukère sortit impétueusement de sa tante, un yatagan à la main. J'oubliai ma terreur pour contempler la ravissante jeune fille arabe.

Elle était d'une belle stature; son corps, élancé comme le palmier, ployait sous le poids de l'or, de la soie, des bijoux dont elle était littéralement couverte. La transparence de son haïck en mousseline laissait voir les boucles de sa chevelure noire, constellées de cercles et de grappes d'argent accrochés aux oreilles. Deux grands yeux de gazelle pleins de molles et suaves lumières éclairaient sa physionomie un peu sauvage; ses lèvres saillantes étaient vermillonnées de henné et parfumées de souak. Les tatouages de son front, distinction de sa tribu, figuraient un losange bleu; ceux qui enguirlandaient ses bras un bouquet de palmes. Son pied mignon, sur lequel retombait un lourd anneau d'argent massif, chaussait une babouche du Maroc brodée de brillantes arabesques. Lorsque mes yeux se reportèrent de la moukère à la source, je ne vis plus le lion. Avait-il subi comme moi le charme, l'enchantement de la beauté enivrante de cette enfant, ou avait-il jugé dans sa sagesse léonine que deux personnes à dévorer eussent été un morceau de digestion trop difficile? Je ne sais; toujours est-il que je revins souvent près de la tente de Lalla Néfiza, mais que je ne revis plus messire lion.

VII

Les prêtres arabes, les marabouts, domptent des lions, qu'ils promènent en laisse comme des caniches au milieu des villes et des tribus algériennes en invoquant la charité. Les Arabes, avides de choses merveilleuses, attribuent naïvement à la vertu religieuse, à la puissance mystique de leurs marabouts la docilité des lions ainsi domptés. Je fus témoin d'un fait semblable dans un marché tenu aux portes de la ville de Mascara. La foule s'écartait repectueusement à l'approche d'un magnifique lion qui obéissait aux volontés d'un marabout. Les Arabes prétendaient que quelques versets du Koran avaient suffi pour accomplir cette œuvre miraculeuse. Aussi le marabout, qui n'avait pour moyen d'existence, comme bon nombre d'individus de sa caste, que la charité musulmane, voyait-il tomber les boudjouds et les douros dans le capuchon de son burnous.

Cependant les Arabes, tout crédules qu'ils paraissent être, surveillaient le moindre mouvement du lion et faisaient prudemment le vide autour de sa majesté. L'animal s'avançait de notre côté en soulevant lentement l'une après l'autre ses énormes pattes, semblables à des madriers, traînant sa queue sur le sol en montrant aux badauds, qui reculaient devant lui, une superbe encolure, un râtelier admirablement monté, un nez écrasé et un œil de colère et de mépris. Le marabout cherchait à l'apaiser en lui récitant des versets du Livre ayant trait aux animaux et le frappant sur l'os frontal d'un bâton d'olivier; mais rien n'y faisait. La sauvage physionomie du quadrupède s'animait de plus en plus. Il était évident que les curieux l'importunaient de leurs regards indiscrets et qu'il voulait s'en débarrasser d'une manière ou de l'autre.

Nous prévoyions une scène tragique, lorsqu'un terrible rugissement remua le sol et bouleversa le marché. Infidèles et croyants, Africains et Européens, disparurent aussitôt en se précipitant les uns sur les autres pour échapper plus vite. Nous aperçûmes alors à une portée de fusil du lion une centaine de chameaux qui beuglaient horriblement, sautaient de droite et de gauche et dansaient sur leurs quatre pattes d'une manière grotesque en cherchant à s'éloigner sans pouvoir y réussir. C'était une caravane arrivant du désert. Le lion avait senti le chameau, et le chameau le lion. Amis comme le loup et l'agneau, ils s'étaient immédiatement reconnus.

Cependant le marabout, qui avait été forcé de lâcher prise, sans perdre de temps et avec une présence d'esprit digne d'admiration, s'était jeté hardiment au-devant du lion pour lui barrer le passage. Sa pose d'athlète sembla en imposer à l'animal, qui s'arrêta dans son élan, et dont il se rendit de nouveau maître absolu. Le marabout le frappa sur la tête, et cette fois sans réciter aucun verset du Koran. Son influence était manifeste. L'animal grondait sourdement, mais sa colère s'éteignait comme un orage qui s'éloigne. Il se laissa entraîner par son maître, et la circulation du marché reprit son cours.

Les *vaisseaux du désert*, en proie à une violente émotion, remuaient constamment leurs tuberculeuses échines, tendaient leur long cou d'un air craintif et béat, et se retranchaient les uns derrière les autres Le chamelier eut toutes les peines du monde, en se pendant à leur cou, à les accroupir pour décharger sa cargaison de laines du désert que des juifs vinrent reconnaître et faire enlever. Pendant ce temps notre chamelier, assis sur la croupe de l'une de ses bêtes, avait tiré de sa *djebira* une pipe bourrée d'herbes aromatiques et s'était mis tranquillement à fumer.

Je me rappellerai toujours le caractère de simplicité, de noblesse, de quiétude religieuse de l'Arabe du désert. Un œil noir, bien ouvert, habitué à contempler les larges horizons du Sahara, à découvrir sur les sables la trace du passage des tribus nomades, illuminait comme un phare un angle facial aigu, un visage d'ascète parcheminé par le soleil.

Deux morceaux de peau de bouc fixés par une ficelle à ses pieds, une chemise de laine (*habaya*) usée, déchirée, dévorée par la poussière, sous laquelle se dessinait un torse sec et nerveux, une calotte rouge recouverte d'un haïck serré sur la tête par une corde en poil de chameau, composaient tout son costume. Il n'y avait pas dans la foule une pareille expression de sauvage fierté. La face superbe du lion du marabout offrait seule de l'analogie avec la mâle physionomie du chamelier.

Nous ne nous lassâmes pas de scruter du regard ce sphinx du désert. Nous analysions sa vie, nous nous incarnions en lui, nous aurions voulu le suivre dans les immenses solitudes qu'il avait dû traverser pour apporter sa cargaison de laines à Maskara. Que de fatigues il avait subies, que de dangers il avait courus, mais aussi quel spectacle il avait vu! — Voici le désert, c'est-à-dire le silence et l'infini partout! Muets, le ciel et la terre semblent se confondre dans une incandescente étreinte. Une atmosphère de tièdes vapeurs fait le mirage et voile l'horizon. Au milieu des sables enflammés qui ondoient dans l'espace comme une mer aux flots d'or, la caravane indolente et confiante en Dieu suit le sillage tracé par les pilotes du Sahara. Un coup d'aile du terrible vend du sud, du *simoun*, des pas indicateurs effacés par une trombe de sable suffisent pour égarer ou pour engloutir la caravane; mais en revanche qu'il est beau de lutter contre le désert et d'en triompher! Quelle indicible joie de voir saillir dans le vide la verte oasis où les lèvres desséchées se désaltèreront, de trouver le doux repos après la fatigue, les ombrages et les sources babillardes après la soif, les visages riants des femmes et des enfants après la solitude, l'amour après les dangers de la mort!

Aurait-il été possible à un Européen d'accompagner le chamelier qui venait du fond du Sahara, de Timimoum ou d'Ouargla, et s'était contenté chaque jour, durant trois mois de voyage, au milieu des plus grandes fatigues et de dangers sans nombre, d'un mince filet d'eau à désaltérer à peine un oiseau et d'une pincée de farine cuite au soleil, de la *rhuina* du voyageur arabe? Et pourtant dans ces misérables conditions, le nomade avait vécu parfaitement heureux. Libre de soucis et d'importunes pensées, il avait bondi dans les incommensurables espaces du Grand-Désert avec l'insouciance et l'agilité de l'autruche, de la gazelle et de l'antilope. Chaque force a son destin.

VIII.

Le lion est l'animal débonnaire et magnanime par excellence. Il se livre, tombe dans tous les piéges, ne craint rien, ne doute de rien, ne prévoit rien. Mais la panthère n'est ni aussi noble ni aussi courageuse, ni aussi large dans ses allures; elle se laisse difficilement surprendre et surprend souvent; aussi est-elle plus rarement tuée, car, dans le règne animal, il est de règle que les natures nobles soient sacrifiées et souffrent la mort, la disette, souvent l'expulsion du foyer, de l'antre, du nid, et que les natures félines et rusées échappent au danger. M. Bombonnelle, d'Alger, en sait quelque chose, lui qui, moins favorisé que beaucoup de chasseurs de lion dont pas un coup de griffe n'a effleuré l'épiderme, a livré corps à corps une lutte avec la panthère qui l'avait terrassé sur le bord d'un abîme, au fond duquel M. Bombonnelle, malgré de sérieuses blessures, a pu, par une adroite et courageuse énergie, faire rouler sa terrible ennemie.

La panthère rampe plutôt qu'elle ne marche; toujours inquiète du danger, elle évite les piéges, se tapit dans un sûr repaire, dans une embuscade, et de là saute sur une proie en la surprenant par derrière. Les quelques Africains que la panthère a tués ont été ainsi saisis par les reins ou par la nuque. Il n'y a donc pas de comparaison à établir entre la chasse du lion et celle de la panthère. Aussi Ben-Amar, qui a tué une quarantaine de lions, n'a-t-il tué que seize panthères.

IX.

Averti par les Arabes qu'une panthère passait habituellement dans le sauvage ravin de la Medjerda, Ben-Amar explora les pentes abruptes de ce ravin couvert de chênes-liége, de chênes-zend, de vignes vierges, de roches embroussaillées, et aperçut enfin une panthère qui se glissait par l'étroite ouverture d'une grotte presque inaccessible et en partie dissimulée sous des ronces. A peine entrée, la défiante panthère ressortit pour s'assurer sans doute qu'elle n'avait pas été suivie ou dépistée; cette inspection de corps-de-garde terminée, elle rentra.

Ben-Amar, trop éloigné d'elle pour la tirer, certain d'ailleurs qu'il la retrouverait, alla coucher sous une tente de la tribu qui lui avait désigné cette panthère, et le lendemain matin, dès l'aube, il revint se poster en embuscade à portée de fusil du repaire de l'animal. Après quelques moments d'attente, la panthère montra sa tête hors de l'antre, scruta du regard à droite, à gauche, et sortit enfin. Une balle vint à cet instant la frapper à la tête et la fit rouler au fond du ravin. Il l'emporta. Le lendemain Ben-Amar revint à la charge, monta la faction devant l'antre. Deux panthereaux en sortirent. Ben-Amar les tua.

Une autre fois, le Négro, comme on appelle souvent le mulâtre Ben-Amar, battait d'épais fourrés dans lesquels il entre et se glisse comme un chat-tigre, quand il entendit des cris de sanglier. Il se dirigea vers l'endroit d'où partaient ces cris. Un râle lui apprit que le sanglier expirait sous l'étreinte d'un lion ou d'une panthère. En effet, retenant son souffle et éteignant le bruit de ses pas, il vit bientôt une magnifique panthère léchant voluptueusement le sang de l'animal qu'elle venait d'égorger. Ben-Amar, complétement caché au regard, fit du bruit en se remuant. La panthère, défiante, lâcha le sanglier, tourna, retourna sur elle-même, fouilla les broussailles d'un œil allumé par l'inquiétude, et jugea prudent de disparaître. Ben-Amar traîna le sanglier derrière un gros arbre, près d'une clairière où il voulait attirer la panthère, et attendit patiemment sa venue. Elle revint en prenant les mêmes précautions de prudence, tâta le terrain, huma le vent pour savoir si le danger qui l'avait fait fuir était encore à redouter, et se décida enfin à s'approcher du sanglier, objet de sa convoitise. Ben-Amar la tira; la balle lui traversa le cou. Le premier mouvement de la panthère fut de fuir; mais, se sentant blessée, elle rebroussa vers Ben-Amar et se posta menaçante en face de lui, sur une petite éminence qui le dominait.

L'Arabe fait feu sur elle une seconde fois; cette fois, la balle l'atteint au défaut de l'épaule et laboure ses flancs. Furieuse, la panthère s'élance sur Ben-Amar, dont le fusil était déchargé. Une lutte corps à corps s'engage entre l'homme et la bête féroce; mais le vigoureux Négro fut assez heureux pour se dégager des étreintes de son ennemie, et pour lui asséner un terrible coup de crosse qui abattit à ses pieds la panthère blessée et brisa son fusil : le canon lui resta entre les mains. Cet accident, que la bourse plate de Ben-Amar n'aurait peut-être pas pu réparer, fut largement compensé par la générosité du capitaine Fauvelle qui commandait la place de Souk-Arras en 1857, et qui a péri d'une chute de cheval. Le capitaine Fauvelle fit cadeau à Ben-Amar d'un beau fusil à deux coups, et lui promit d'envoyer ses lionceaux et ses panthereaux, qui s'ébattaient dans une cour du bureau arabe de Souk-Arras, au Jardin des Plantes de Paris. Le cadeau et la promesse, qui ne put se réaliser par la mort accidentelle du commandant de place, rendirent fou de joie le valeureux Ben-Amar.

X.

Il fit une autre chasse à la panthère du côté de l'Oued-Medjerda. Las, cette fois, d'entrer dans les fourrés, de traquer les broussailles, de suivre d'étroits et impraticables sentiers que personne ne connaît que lui, dit-il; n'ayant rien dépisté malgré toutes ses recherches, ayant vainement appelé lions et panthères et jeté des pierres au milieu des broussailles, il résolut d'user de ruse. Il acheta aux Arabes un mouton, le tua, en fit rôtir sur les lieux une moitié qu'il mangea avec un appétit de Gargantua, et glissa l'autre moitié dans une peau de chèvre qu'il suspendit au sommet de l'arbre le plus gros et le plus élevé du bois. Il attendit toute la nuit sans avoir de nouvelles du lion ni de la panthère. De dépit et de fatigue il s'endormit. Quand il ouvrit les yeux, son mouton ne se balançait plus à la branche de l'arbre à laquelle il l'avait attaché. Un lion ou une panthère étaient venus et avaient enlevé le gibier en respectant l'homme, ce qui prouve une fois de plus que la bête féroce n'attaque l'homme qu'avec répugnance. Ben-Amar trouva sur le tronc de l'arbre l'empreinte des griffes de la panthère et se mit aussitôt en chasse. De vingt pas en vingt pas, il trouvait des bribes de son mouton. Guidé par ce nouveau fil d'Ariane, il arriva près d'une grotte qui domine le cours de l'Oued-Zedra. Un monceau d'ossements, composé de squelettes, de détritus d'animaux, se trouvait à l'entrée de la grotte et formait un portique respectable. Le chasseur fit de ces ossements une chaise curule, et appelant, en faisant claquer sa langue contre le palais, la panthère, qu'il apercevait couchée et assoupie dans son antre, et qu'il n'avait pas réveillée, tant sa marche avait été légère! A son appel de langue, la panthère leva la tête. Ben-Amar fit feu sur elle à bout portant et l'atteignit à l'aine. Comme le chat, il est rare que la panthère reste sur le coup. Celle-ci fit un bond en dehors de sa caverne, cherchant son ennemi inconnu. Ben-Amar, abrité derrière un rocher, avait rechargé son fusil et l'attendait de pied ferme. Las de l'attendre, il alla au devant d'elle et la trouva étendue sans souffle sur le flanc du ravin. Ben-Amar la chargea sur son dos d'Hercule et la porta au bureau arabe de Souk-Arras, qui lui remit les quarante francs de prime.

XI.

Ahmed-Ben-Amar n'a pas toujours chassé seul. A l'exemple de Jean-Jacques Rousseau, qui a fait un Émile, il a formé un élève, un seul, qui marche dignement sur ses traces et qui le surpassera peut-être, car il a un entrain diabolique, dans les chasses à la panthère principalement. Le kif-kif (semblable), c'est l'épithète avec laquelle Ben-Amar a caractérisé Begless-bel-Kassem-ben-Salat, a sa tente placée à côté de celle de Ben-Amar, dans la forêt d'Aïn-Sanour. Ils vivent en frères. Bel-Kassem est dévoué à Ben-Amar, comme les musulmans fanatiques l'étaient autrefois au Vieux de la Montagne. Sur un signe de Ben-Amar, Bel-Kassem obéit, se jette dans un fourré en vrai porc-épic, et chasse le lion et la panthère à tous crins, sans réfléchir un instant au danger qu'il court.

Bel-Kassem, né dans une tribu voisine de Souk-Arras, est âgé de vingt-cinq ans. Il a une encolure de taureau et des épaules à porter l'Atlas. Deux yeux vifs et pénétrants donnent de la vivacité à sa physionomie. A l'exemple de son kif-kif Ben-Amar, il vit de chasse et du rapport d'une petite concession qu'il cultive à Aïn-Sanour; mais, moins heureux que Ben-Amar, possesseur aujourd'hui de deux femmes, d'un bourricault et d'un fusil à piston, il se sert d'un mauvais fusil arabe, et n'a pas encore acquis la somme nécessaire à l'achat d'une houri de Mahomet. Ses haillons de laine, déchirés aux cailloux et aux ronces de la montagne, indiquent suffisamment son état de pauvreté. On lui a fait cadeau, pour sa chasse de nuit, d'une capote militaire.

Le pauvre Bel-Kassem faillit laisser sa peau dans sa première chasse, qui eut lieu en compagnie de son maître et kif-kif Ahmed-Ben-Amar, sur la frontière de Tunis, à Aïn-Taoura, à huit lieues du Keff, contrée fertile en lions, panthères, chats-tigres, sangliers, antilopes et cerfs noirs. Les tribus arabes avaient demandé Ben-Amar pour avoir raison de la terrible lionne d'Aïn-Taoura, qui décimait leurs troupeaux.

Pendant deux jours et deux nuits, Ben-Amar et son kif-kif Bel-Kassem explorèrent les ravins et battirent sans fruit les broussailles d'Aïn-Taoura, et pourtant Bel-Kassem est un enragé traqueur. Ben-Amar, à bout d'expédients, rencontrant un troupeau de chèvres, ordonna à Bel-Kassem de leur mordre les oreilles jusqu'au sang pour attirer la lionne, ce que fit sans succès le docile Bel-Kassem. Enfin, au crépuscule, au moment où ils désespéraient de découvrir les traces de l'ennemie, ils aperçurent dans le

Ahmed-Ben-Amar et son kif-kif chassant la panthère.
(P. 52.)

lointain la lionne si redoutée des Arabes, qui descendait rapidement un ravin et se dirigeait, selon toute probabilité, vers son repaire. Le jeune et ardent Bel-Kassem, que son maître suit, s'élance à la poursuite de la lionne. Nos chasseurs découvrirent la lionne et deux lionceaux blottis dans une épaisse broussaille. Le trop vif Bel-Kassem fait feu tout de suite sur la lionne, qui, blessée, s'échappe. Ben-Amar cherche à l'arrêter en lui tirant un second coup de feu, qu'elle essuie et qui ne l'arrête pas, malgré une nouvelle et sérieuse blessure. La nuit étant venue, les chasseurs se retirèrent dans un douar voisin, et prièrent le cheik de ce douar de commander à tous les Arabes de battre avec eux la contrée le lendemain, pour retrouver la lionne, ce qui fut accordé. A la première heure du jour, la tribu entière se mit en campagne et traqua tous les buissons, toutes les broussailles, qui avec les pieds, qui avec les matracks, en criant comme des forcenés. Mais le plus ardent de cette meute de traqueurs était sans contredit Bel-Kassem. Alléché par la lutte de la veille, il roulait comme un ouragan dans le bois, à travers les broussailles, les fourrés, tombant, se relevant, et appelant comme un beau diable la lionne en combat singulier. Enfin, il l'aperçoit à dix pas de lui dans un sentier; il la tire rapidement, la blesse de nouveau. Mais la lionne d'Aïn-Taoura, fatiguée de servir de cible à Bel-Kassem, de recevoir les projectiles de l'apprenti chasseur, se jette sur lui, le renverse, lui plante bel et bien ses griffes (Bel-Kassem prétend en avoir senti six !) dans les reins, et poursuit son chemin aussi vite que ses blessures et le sang qu'elle perdait en abondance le lui permettaient. Le kif-kif Bel-Kassem, tout blessé qu'il est, se relève plus furieux que la lionne, recharge son fusil et poursuit sans trêve ni merci son ennemie qui, stimulée par ses blessures, brise tout sur son passage, en jetant d'horribles rugissements aux échos, qui les répètent et les prolongent. Épuisée par la perte de son sang, la lionne d'Aïn-Taoura, forcée, s'arrête devant d'inextricables broussailles, qu'elle n'a plus la force de franchir. L'ingénieux Bel-Kassem, qui n'était pas tenté de renouveler une lutte corps à corps, grimpe, agile comme un écureuil, sur un arbre, et de cette position achève, d'un dernier coup de fusil, la lionne. Il partagea généreusement et sans contestation le fruit de cette chasse avec son kif-kif Ben-Amar, qui toucha, comme lui, vingt francs du bureau arabe de Souk-Arras, en livrant le beau corps de la lionne d'Aïn-Taoura.

XII.

Chaque semaine nos deux héros chassaient dans la forêt des Beni-Salat et en rapportaient quelque trophée. Se trouvant, par une nuit noire, dans la montagne du Bois-Brûlé, — c'est ainsi que les Arabes nomment des portions de terrains embroussaillés et couverts d'arbustes rabougris qu'ils incendient pour faire leur combustible, — les deux chasseurs, convaincus qu'il n'y avait rien à espérer par le temps noir et le ciel veuf de toute étoile, s'endormirent du sommeil du juste. Ben-Amar fut réveillé par le bruit d'un animal dans une broussaille, à dix mètres de lui. Il crut que ce remue-ménage était produit par un mulet de la tribu voisine, ne s'en inquiéta pas plus et reprit son sommeil interrompu. Il est de nouveau réveillé par un bruit plus fort; Bel-Kassem sort précipitamment de ses heureux rêves de chasse, et nos deux dormeurs, courageux comme Turenne qui reposait sur l'affût d'un canon, voient confusément la forme d'un animal qui se meut dans la pénombre de la nuit, et qui se dirige vers eux. Ben-Amar s'arme de son fusil et frappe une lionne, qui tombe en rugissant. Sans se donner la peine de vérifier si cette lionne est tuée ou blessée, nos téméraires chasseurs se recouchent et redorment. Mais leur sommeil est encore interrompu par la bruyante respiration du lion. Cette fois, il était temps de se réveiller : un lion colosse, paré d'une magnifique crinière touchant à terre, soufflait bruyamment à quatre pas de Ben-Amar, qui lui rendit souffle pour souffle, coup d'œil pour coup d'œil, et dent pour dent. Ben-Amar tire ; par malheur, la pierre de son fusil se brise ; le coup rate. Irrité par le bruit et l'étincelle, le lion bondit sur Ben-Amar et Bel-Kassem, qui, se croyant perdus, s'étaient enveloppés dans leurs burnous pour mourir dignement, leur donne à chacun un coup de patte qui enlève à Bel-Kassem une partie de la peau du crâne, revient à la lionne, qu'il flaire, qu'il lèche, qu'il caresse, qu'il s'efforce inutilement de ranimer et de faire marcher, et disparait enfin, à la grande satisfaction des deux témoins de cette étrange scène, en déplorant le trépas de la lionne par d'effroyables rugissements jetés aux échos de la sonore forêt. Ben-Amar et Bel-Kassem étaient sauvés, grâce à l'obscurité de la nuit, grâce surtout aux nobles habitudes du lion, qui s'acharne rarement sur son ennemi, se contentant de le frapper, de le souffleter d'un coup de sa queue ou de ses terribles griffes. Il est vrai que ces coups-là équivalent souvent à la mort.

Lion pris dans la fosse et lapidé par les arabes. (P. 60.)

Les Arabes signalèrent à Ben-Amar et à Bel-Kassem le passage d'un lion dans la forêt de Fedj-Makta. La nuit venue, les deux kif-kifs se placèrent des deux côtés du sentier de passage de l'animal. En effet, ils voient un lion qui va s'abreuver dans le ravin de la source; ils ne tirent pas, car un autre lion le suit à quelques mètres de distance. Les chasseurs attendaient, au retour, ces altérés, pour les saluer d'une balle. Dès que la tête du premier lion se montre, le fougueux Bel-Kassem l'ajuste; le coup part et atteint l'animal au ventre; il s'abattit et se traîna vers les fourrés en montrant ses intestins sortis; le second lion, à cette attaque, avait fait quelques tours dans le sentier et s'était approché de Ben-Amar, qui le foudroya presque à bout pourtant. Le lendemain, les kif-kifs se mirent en devoir de rechercher le premier lion blessé par Bel-Kassem. Ils le trouvèrent gisant, agonisant au fond d'un ravin, entouré d'une vingtaine de chacals, lâches héritiers qui convoitaient son cadavre, et attendaient le dernier soupir du noble animal pour le dépecer. Ils lui tirèrent cinq coups de feu. Le dernier lui brisa les reins. Il bondit pourtant encore, et retomba en rendant l'âme.

Une autre nuit, le Négro et son kif-kif s'étaient embusqués entre l'Oued-Sanour et l'Oued-Cham, au centre d'un cirque naturel formé par des roches. Ben-Amar et Bel-Kassem s'étaient placés dos à dos, comme deux plaideurs renvoyés après jugement, de façon à ne pas être surpris et à pouvoir inspecter de tous côtés par le regard. Dans cette position, ils attendaient le lion; mais ce fut la panthère qui marcha dans l'ombre des rochers, la rusée commère, sans bruit et sans miaulement. Pourtant l'œil de lynx de Bel-Kassem découvrit son manége. Il visa la panthère en la prenant par l'épaule droite qu'elle lui présentait, et la frappa d'un coup fortement chargé à deux balles, qui atteignirent le cœur. En recevant les projectiles, la panthère fit un bond sur elle-même pour ne plus se relever, mais en montrant encore dans son impuissante rage une brillante rangée de dents aiguisées à son vainqueur. Ben-Amar félicita vivement son élève de son adroite équipée.

La veille, au même endroit, un spahi avait tué un lion qui avait dévoré une trentaine de bœufs enlevés à des douars, en l'attirant dans un silo couvert de fascines, sur lequel il avait placé comme appât une chèvre. Nous l'avons dit, le lion se laisse prendre à tous les piéges, aussi est-il plus souvent assassiné que chassé.

Les nègres se prosternent encore très-sérieusement devant l'idole de marbre et de chair, devant le bœuf et le reptile.
(P. 60.)

XIII.

Bel-Kassem eut une belle série d'accidents de chasse; mais ces accidents, qui auraient découragé un disciple de saint Hubert moins décidé que l'ardent Bel-Kassem, ne firent que lui donner goût à l'aventure. Il s'émancipa de son kif-kif jusqu'à chasser seul.

Des Arabes dénoncèrent à Bel-Kassem un lion dans un bois des Beni-Salat, où l'obstiné et novice chasseur se tint trois jours et trois nuits à l'affût. Le quatrième jour, au crépuscule, étant rompu de fatigue, il se fit un moelleux lit dans le feuillage d'un chêne-liége, s'y nicha et attendit. Bientôt, la bruyante respiration d'un lion se fit entendre; il le vit passer hors de portée. Ne voulant pas se déranger de son lit de repos, Bel-Kassem laissa passer tranquillement le lion et se rendormit en ronflant comme un pandour. Mais il s'éveilla de nouveau au souffle brûlant d'une

4

haleine sur son visage; il leva la tête et se trouva nez à nez avec une panthère, qui était venue le flairer. Effrayée de son mouvement, la panthère descendit de l'arbre; mais l'Arabe l'avait déjà ajustée : il l'étendit au pied de l'arbre. Il toucha quarante francs en rapportant sa proie au bureau arabe, qui, en outre, lui fit cadeau d'un bon fusil de munition.

Bel-Kassem, qui a tué un lion et trois panthères, commence seulement son odyssée de tueur de bêtes féroces. Il aspire à marcher sur les traces de son kif-kif Ahmed-ben-Amar, et il est probable qu'il le remplacera, d'autant plus que le Ben-Amar d'aujourd'hui n'est plus le Ben-Amar d'autrefois. Depuis qu'il a pris femme et qu'il désire la croix d'honneur, il semble avoir perdu sa chevelure de Samson, son énergie de lion. — Morto! Morto!.... murmure Bel-Kassem, dans cette langue sabir, qui se parle en Algérie, composée d'espagnol, de français, d'italien, d'arabe, langue vraiment babélique. — Moi mirar, moi tocar, morto! — Traduction libre : Je l'ai vu, je l'ai tiré, je l'ai tué! — C'est du César tout pur.

Ahmed-Ben-Amar n'a pas eu d'autre élève que Begless-bel-Kassem-ben-Salat. Il a presque toujours refusé la compagnie d'Européens qui lui demandaient de le suivre dans ses chasses, ou lorsqu'il était forcé d'y consentir, il ne les conduisait pas sur le passage du lion. Un jour, cédant aux instances réitérées d'un officier, il consentit à se laisser suivre par lui. La nuit, il le posta sur un point de la forêt, derrière un épais fourré et lui dit d'attendre là, sans broncher d'une semelle, le passage du lion, tandis qu'il irait

Quand les nègres résistent, les Bédouins du désert les tuent sans pitié.

(P. 61.)

lui-même le guetter à trente pas plus loin. L'officier promit de tenir bon, et tint bon, en effet, pendant une heure de silence dans la forêt. Mais, ayant entendu les rugissements du lion qui se rapprochaient de plus en plus de lui, l'officier appela à son secours Ben-Amar, qui ne vint pas. Le lion, terrible à en juger par son rugissement, se rapprochait toujours. Un tremblement nerveux s'empara de l'inexpérimenté chasseur de bêtes féroces; une sueur abondante coula sur son visage, et il tomba en syncope entre les bras du lion, car le lion n'était autre que Ben-Amar lui même, qui avait contrefait le rugissement léonin pour donner une leçon à l'officier et lui ôter l'envie de l'accompagner, de l'importuner dans ses chasses, — ce qui prouve que l'on peut être très-brave sur le champ de bataille et très-faible devant le lion.

XIV.

Mohammed-ben-Amar et son kif-kif sont des exceptions parmi les indigènes; en général, les Arabes ne sont pas chasseurs de lions. Aujourd'hui, ils sont plus hardis, parce que les colons leur ont appris qu'on pouvait lutter sans trop de danger contre le roi des forêts. Avant la conquête, les Arabes se contentaient de tendre des piéges au lion en creusant très-profondément une fosse qu'ils recouvraient de branchages; dès que le lion était tombé dans l'abîme, les Arabes accouraient et le lapidaient au fond de la fosse malgré les terribles bonds et les rugissements de l'animal pris au piége.

Quant aux nègres de l'Afrique, soit qu'ils voient dans l'animal un frère inférieur, soit que ce sphinx les effraie, ils ne sont pas chasseurs. Dans la Guinée et le Soudan, ils se prosternent encore très-sérieusement devant l'idole de marbre et de chair, devant le bœuf et le reptile; dans d'autres contrées de l'Afrique, de jeunes négresses célèbrent les fêtes en dansant devant un énorme serpent encagé, qui, pour couronner la réjouissance, est lâché sur la foule. Du côté du cap de Bonne-Espérance et de Tombouctou, les bédoins du Sahara, les redoutables tribus des Touareggs, chassent les nègres comme des bêtes fauves, les attirent loin de leurs cases en leur jetant quelque amulette, quelque coquillage, les enlèvent et les vendent à des pirates qui font la traite des noirs, et dont les caravanes sillonnent le sud de l'Afrique; quand les nègres résistent, les bédouins du désert les tuent sans pitié.

XV.

De tous les points cardinaux de l'Europe, on vient maintenant chasser la bête fauve en Afrique. En 1856, dans la province d'Oran, quelques Anglais se proposèrent de signifier son congé définitif à un lion dont les rugissements ébranlaient chaque nuit les échos des monts d'Oued-el-Hammam; ils se rendirent à l'endroit indiqué par les Arabes, et ne craignirent pas de s'embusquer dans l'antre même du lion. Bientôt nos Anglais virent deux prunelles briller dans la nuit. Le féroce animal s'avançait vers eux en descendant à pas mesurés le mamelon; lorsqu'il fut à une petite distance des chasseurs, l'un d'eux tira sur le lion deux coups de fusil si bien ajustés, qu'on entendit presque aussitôt la chute d'un corps retentir dans le ravin. L'énorme bête était tombée foudroyée.

Les monts d'Oued-el-Hammam. (P. 62.)

XVI.

Les chasseurs n'ont pas toujours la chance de trouver le lion. J'entends encore les imprécations d'un Parisien qui, en 1858, resta un mois en forêt sans avoir pu rencontrer le lion; et précisément, la veille du jour où il partit de Bone pour la France, un magnifique lion, franchissant le mur d'enceinte, était entré dans la ville; peu s'en fallut qu'il ne montât dans la chambre du chasseur déçu pour lui attester l'existence du roi des forêts; du moins, de sa demeure, il put entendre ses rugissements. Le Parisien n'a pas assez de constance pour les chasses africaines, qui exigent quelquefois trois semaines, c'est-à-dire une vingtaine de nuits passées à la belle étoile, avant que se découvre la piste d'une bête féroce. Anglais, Russes et Allemands, se font mieux à ce jeu de patience.

En 1858, une altesse d'Allemagne, quelque peu en disgrâce à la cour de son père, s'était installée dans une mauvaise auberge, à Jemmapes, d'où chaque nuit elle partait à la recherche du lion. Son altesse tua quatre rois des forêts. Cette même année, le major russe K***, qui avait reçu deux blessures en Crimée, et à qui un climat plus chaud que celui de la Russie avait été recommandé par la Faculté, chassa obstinément le lion, et ne rencontra jamais que la panthère; cependant il passait toutes ses nuits dans les ravins des forêts ou dans les huttes de charbonniers. Le major russe se trouvait au milieu de la forêt des Beni-Salat, près de Souk-Arras, lorsque des Arabes vinrent lui signaler le passage d'une panthère qui avait décimé leurs troupeaux.

Le major, se faisant accompagner d'un Arabe et précéder d'une vache qui devait tenter la panthère et la faire sortir de son fourré ou de son repaire, alla aussitôt au-devant de l'ennemi, armé de son magnifique fusil Devismes, dont le canon droit était chargé d'une balle explosible et l'autre canon d'une balle à pointe d'acier.

Nous n'avons pas besoin de dire ce qu'est la balle à pointe d'acier; le mot désigne suffisamment le danger de ce projectile et indique sa facilité à pénétrer dans les chairs les plus opulentes ou à briser les os les plus durs. Mais la balle dite explosible, inventée par Devismes est un congé en règle donné à toutes les bêtes féroces de l'Algérie, qui, spéculant sur la terreur de leurs griffes et de leurs respectables râteliers, pourraient effrayer les colons nouveaux. C'est un projectile creux et conique, dans lequel le chasseur adapte une capsule, où il glisse à sa volonté dix ou quinze grammes de poudre, et qui, comme une bombe, fait explosion en frappant l'animal. Dès que le chasseur a tiré, une seconde explosion plus sourde se fait entendre : c'est la balle, qui, entrée dans les chairs, asphyxie et foudroie l'ennemi.

On n'avait encore rien imaginé de plus terrible, de plus exterminateur : une bombe projetée par un fusil.

XVII.

Ainsi armé, le major cheminait en observateur dans l'une des montagnes boisées des Beni-Salat, quand il vit, à trente pas de lui, la vache émissaire saisie au cou et presque couverte par une énorme panthère qui, d'un fourré, s'était élancée, rapide comme la poudre, sur sa proie. Aussi rapide qu'elle, le major russe ajuste : le coup atteint la bête fauve au défaut de l'épaule; la balle pénètre dans les intestins, produit une explosion sourde, asphyxiant et foudroyant la panthère, qui tombe aux pieds de la pauvre vache offerte en holocauste aux mânes de saint Hubert.

Le major n'a pas fait ses premières armes de chasseur de bêtes féroces en Algérie. Il a chassé l'ours de Russie, qu'il ne faut pas confondre avec l'ours des Pyrénées, aimant passionnément les jeunes filles et recevant des coups de houlette des bergers. L'ours

Le féroce animal s'avançait vers eux. (P. 62.)

de Russie, soit de jour, soit de nuit, pousse droit au chasseur dès qu'il l'aperçoit, et lui livre un duel à mort.

Dans une des premières chasses de M. K***, les traqueurs avaient rabattu l'ours de son côté. Le temps était sombre et pluvieux. M. K*** tira inutilement les deux gâchettes de son fusil, dont la pluie avait détérioré les amorces, sur un ours énorme qui poussait vers lui une charge furieuse, et il aurait été perdu s'il n'avait eu la présence d'esprit de s'abriter derrière un gros arbre, en jetant son inutile fusil et en tirant son couteau de chasse. L'implacable ours continua sa charge, se leva sur ses pattes de derrière, et embrassa des pattes de devant l'arbre et le chasseur; mais, à ce moment, M. K*** lui plongea jusqu'à la garde son couteau de chasse dans la gorge, et roula à terre en même temps que son terrible adversaire; car ses forces, surexitées par le danger, étaient épuisées et se détendirent.

Les autres chasseurs trouvèrent M. K*** inanimé, près du cadavre de l'ours; ils le crurent mort; il n'était qu'évanoui. On voit que la chasse à l'ours de Russie présente un danger aussi sérieux que la chasse aux lions et aux panthères d'Afrique.

Rien n'est agréable, en Algérie, comme la chasse au sanglier. Une caravane d'une vingtaine de personnes s'organise; on emporte une tente, des piquets, des vivres pour deux jours, d'abondants liquides, une inaltérable gaité, et l'on bat toute une contrée en lançant les petits chiens gris-noirs si terribles au sanglier. Les plus hardis chasseurs de la caravane se dévouent au plaisir commun; ils font l'office de traqueurs, ils entrent dans tous les fourrés, ils battent tous les buissons; alors vous entendez une fusillade nourrie sur les sangliers noirs, qui sortent par bandes, mères-laies, solitaires et marcassins, de leur bouge; ils courent plus vite que des lapins; ils grimpent les mamelons avec une étonnante rapidité; mais au sommet, ils tombent dans la ligne des chasseurs postés qui les entourent d'un cercle de feu.

Le soir venu, les chasseurs relèvent les cadavres, les vident immédiatement, les accrochent aux branches d'un caroubier ou d'un olivier, puis ils se retirent sous la vaste tente où se vident les brocs en narguant les exploits cynégétiques, où se racontent les histoires algériennes les plus désopilantes.

Souvent les chasses au sanglier se transforment — excellente surprise! — en chasses au lion et à la panthère. Les traqueurs, qui courent un danger réel, — habituellement ce sont des Arabes, — font parfois sortir des fourrés un lion ou une panthère. Alors, ce n'est plus une chasse, c'est un combat terrible entre la bête débusquée et les chasseurs de sangliers. Comme aux courses de taureaux, il y a quelques éventrements; mais le plaisir n'est jamais si vif qu'en touchant au danger et à la douleur.

DEUXIÈME PARTIE

LE

ROMAN COMIQUE DE L'ALGÉRIE

I.

Le 1er mars 1851, quatre Parisiens se trouvaient réunis dans la chambre d'un hôtel garni du quartier latin, où ils discutaient chaudement les moyens d'assurer leur existence problématique. Celui qui était assis sur le lit parlait avec volubilité en secouant sa blonde chevelure. Il se nommait Charles Fromentin. C'était un étudiant en droit de huitième année et un poète inédit. Il avait confié au papier une kyrielle d'odes, de ballades, de sonnets, qui étaient discrètement restés en portefeuille. En face de lui, à califourchon sur une chaise, se tenait Eugène Marcillac, peintre gascon, qui n'avait jamais pu obtenir un tableau de commande. Son torse, vigoureusement accusé, contrastait avec la complexion blonde et délicate du poète. Près de la cheminée était modestement assis sur un escabeau Pierre Balard, ancien professeur de philosophie d'un collége de province. Son teint pâle, son crâne chauve, son front sillonné de rides précoces, attestaient de grandes études ou de grandes misères. Il gardait une humble attitude, que semblaient justifier ses bottes éculées et ses vêtements plus qu'usés. Le quatrième héros de cette histoire, Théodore Aldenis, ex-violon de la Porte-Saint-Martin, se promenait de long en large, dans la chambre, avec des mouvements fébriles de colère, qui divertissaient fort ses amis. Il s'emportait, il déclamait, il gesticulait comme un comédien. Aldenis avait contracté les habitudes théâtrales en accompagnant sur son violon les entrées et les sorties de M. Frédérik Lemaître à la Porte-Saint-Martin.

Maintenant que nous avons regardé, écoutons.

— Messieurs, disait avec emphase Théodore Aldenis, vous connaissez l'ordre du jour de notre réunion: il s'agit de sortir de la citadelle où la misère nous assiége. Qu'allons-nous faire? Moi, je suis parfaitement décidé à tenter l'aventure. J'ai perdu l'espoir de retrouver une position comme celle que j'occupais à la Porte-Saint-Martin, et qu'un rendez-vous d'amour à l'heure du spectacle m'a fait perdre.

— Je n'ai rien non plus à attendre de la civilisation, interrompit Charles Fromentin. Tous ces affreux Philistins de libraires m'ont refusé ma Tour de Babel.

— Tu parlais peut-être toutes les langues là-dedans, ricana le Gascon. Mais, ajouta-t-il comme correctif, le talent n'assure pas le succès, puisque les marchands de tableaux ne vendent pas mes œuvres.

— Décidément, le public n'entend plus rien au beau, railla Fromentin à son tour.

— Et que pense de tout cela maître Platon? de-

Et le philosophe Pierre Balard, soudainement métamorphosé en arabe, suivit la négresse au ravin des Lauriers-Roses. (P. 119.)

manda Aldenis en frappant sur l'épaule de Pierre Balard.

— Il serait peut-être sage, hasarda timidement le philosophe Pierre Balard, de se contenter de son sort, de son rayon de soleil, de son modeste nid, de vivre enfin dans une salutaire médiocrité, — *aurea mediocritas*, — dit Horace. Vous le savez, mes amis, j'ai accepté la vie avec ses ombres et ses tristesses. Ma place de pion dans la pension Desmoineaux, qui me rapporte huit francs par mois et le dîner, suffit à mon existence matérielle.

— Nous ne nous séparerons pas de toi, Pierre! s'écria Marcillac. Ta solide raison nous est indispensable pour servir de frein, de contre-poids à notre légèreté. Voyons, promets-nous d'accompagner nos nouvelles destinées!

— Mon Dieu! mes amis, répondit Pierre Balard, je ne veux pas vous contrarier, et je sacrifierais de grand cœur ma place, si ma personne pouvait vous être de quelque utilité.

— Bravo! dit Marcillac. Dans la bonne comme dans la mauvaise fortune, jurons, mes amis, de rester toujours unis.

— Oui! oui! nous le jurons! disent en chœur les artistes.

— Mais abordons le vif de la question, reprit Marcillac, qu'allons-nous faire?

— Si nous inventions une machine quelconque? hasarda Fromentin.

— Bah! répliqua Marcillac, nous ne trouverions jamais un capitaliste qui voulût avancer les fonds de l'entreprise. A un autre.

— Si nous montrions une femme géante dans les foires et les marchés. Si nous fondions un bureau de mariage, ou un office général d'annonces, ou un remplacement militaire? Qui nous empêcherait aussi d'essayer du magnétisme, du somnambulisme, des jeux de bonne aventure, d'homœopathie, de la découverte de nouvelles planètes, du théâtre de province?

Ces motions ridicules d'Aldenis furent couvertes de huées par ses camarades.

— Alors, Messieurs, reprit-il dépité, il ne nous reste plus qu'à déclarer la guerre au genre humain, à nous faire pirates ou contrebandiers.

— Il ne suffit pas de déclarer la guerre, dit judicieusement Pierre Balard, il faut vaincre.

— Moi, dit Marcillac, j'opine sérieusement pour que nous mettions le soleil en actions. Nous trouverions des actionnaires!

— Pourquoi pas la lune et les étoiles, la terre et la mer, persifla Aldenis

— A propos, si nous voyagions, dit Pierre Balard. L'homme est un être merveilleusement ondoyant et divers; il vit partout où il y a terre et ciel!

— Oh! quelle idée! s'écria Marcillac. Le voyage! vive le voyage! Malheureux dans un pays, heureux dans l'autre! Mais vers quel point de la terre dirigeons-nous nos destinées! A l'Orient ou à l'Occident, au Nord ou au Midi? En Chine, aux Grandes-Indes, en Russie, en Californie, en Australie? Le monde est vaste. Choisissons.

— Je préférerais une colonie française, l'Algérie, par exemple, dit Pierre Balard.

— Va pour l'Algérie! s'écria Fromentin. Secouons la poudre de nos souliers sur la France, ingrate patrie qui nous a méconnus. L'Afrique me sourit; l'Afrique, pays des lions, des panthères, des gazelles, des aigles, des almées, de toutes les créatures nobles, gracieuses et terribles. Oh! les femmes du désert!... élancées comme le palmier, ardentes comme le soleil de leur tropique, dangereuses comme le simoun. Aimer une de ces femmes-là, et mourir!....

— Pourtant, si je ne laisse pas mon cadavre au désert, j'en rapporterai un roman en dix volumes.

— Ton lyrisme, Guzman, ne connait pas d'obstacle, dit Aldenis. Qui paiera les frais du voyage?

Un moment solennel de silence se fit.

— J'ai la clef, reprit Fromentin. Nous aurons notre passage gratuit en Algérie; ainsi, préparons nos paquets!

A la suite de cette grave décision, le peintre, le poète et le musicien se cotisèrent pour dîner dans un modeste restaurant d'étudiants de la rue de la Harpe, laissant à regret s'acheminer vers Batignolles Pierre Balard, qui avait voulu profiter jusqu'au dernier jour du repas de sa pension.

Une semaine jour pour jour après leur délibération, les quatre amis dûment munis de passe-ports, arrivaient à Marseille et s'embarquaient sur la frégate l'*Ajax*, qui devait les conduire francs de port en Algérie.

En attendant l'ordre du départ, ils devisaient de leurs nouvelles destinées, de la fortune qui sans nul doute allait les accueillir au rivage d'Afrique, de mille et un rêves, de mille et un projets fantastiques. Oh ! jeunesse, tes horizons sont toujours éclairés par cette éblouissante fée qu'on nomme l'Espérance !

Pendant le voyage, Fromentin se complaisait à réciter ses pièces de vers inédites aux matelots. Aldenis écoutait les harmonies mystiques que roulaient avec une admirable mesure les vagues de la Méditerranée. Pierre Balard restait en contemplation devant les horizons infinis de la mer.

Quant à Marcillac, il cherchait des sujets de tableaux dans les plus petites évolutions de ce spectacle grandiose et nouveau pour lui.

La traversée se fit heureusement. Deux jours après sa sortie du port de Marseille, l'*Ajax* entrait dans le port d'Oran. Le classique Pierre Balard, en posant le pied sur le rivage, s'écria comme César : — Terre d'Afrique, je te tiens !

Les artistes repoussèrent les offres intéressées de commissionnaires juifs, arabes, espagnols, chargèrent eux-mêmes leurs bagages sur leurs épaules et s'inquiétèrent de trouver un logement en rapport avec leur modeste bourse. Mais ils ne purent résoudre ce problème; les chambres qu'ils visitaient leur étaient offertes à des prix exorbitants. Ce que voyant, l'ingénieux Marcillac proposa à ses camarades de loger sous la tente, à la manière arabe. Les artistes sillonnèrent en tous sens le village nègre, situé à la porte d'Oran, marchandant les tentes, les gourbis, les huttes en pisé des indigènes; enfin ils se décidèrent

Jacques le zouave.

à payer quinze francs la hutte d'un nègre où ils campèrent et se reposèrent tant bien que mal, au milieu de nombreux insectes, des fatigues du voyage, jusqu'au lendemain matin.

Mais de sérieuses déceptions attendaient les aventuriers à leur réveil. Comptant sur la Providence, ils avaient emporté plus de lettres de recommandation que de billets de banque. Ils apprirent, à leurs dépens, qu'il ne faut jamais juger d'un pays sur des récits de voyage. Les personnes auxquelles ils étaient adressés leur firent un triste tableau de l'avenir qui les attendait en Algérie.

— Est-ce possible? leur disait-on; vous avez eu la naïveté de prendre l'Algérie pour une Californie ou pour une Australie; mais rien n'est si rare, si introuvable que l'or ici. Ne songez donc plus à vous enrichir, mais à vivre modiquement. Bien heureux si vous y parvenez, car vous n'êtes ni agriculteurs, ni marchands, ni prêteurs à la petite semaine. Il y a en Algérie une foule de parasites, d'aventuriers, qui cherchent leur existence, s'ingénient à trouver un moyen de faire face à la mauvaise fortune, et avec de la hardiesse, du courage, une aptitude universelle, ne parviennent pas à la vaincre. En tout état de choses, ce n'est pas à Oran que vous trouveriez votre nid; il faudrait choisir une ville moins exploitée. Tlemcen ou Maskara, par exemple.

A la suite de cette explication, les quatre artistes s'entre-regardèrent d'un air penaud, comme si un dentiste malhabile leur eût arraché à chacun une bonne dent. Ils restèrent quelques instants muets et immobiles, frappés de stupeur. Marcillac retrouva le premier la parole.

— Comment, s'écria-t-il, vous êtes transportés dans le pays des almées, des odalisques, des lions, des djennouns, dans la contrée des mirages, des rêves, du hachich, et vous prenez cette pose d'ibis, et vous faites cette grimace piteuse? Soyons hommes, mille dious!

— La vie est un tric-trac dont nous sommes les ridicules pions, débita sentencieusement Pierre Balard.

— Votre scepticisme s'arrange de tout, dit Aldenis.

—Hé, répliqua le philosophe, ne vaut-il pas mieux rire comme Rabelais, que pleurer comme Pascal? Pourquoi nous attrister de notre séjour en Afrique, puisque nous devons y rester quand même. Croyez-vous que tous les pays, comme toutes les femmes, n'ont pas leurs grâces, leurs sourires et leur beauté, en dépit de ce qu'on vient de nous dire sur l'Algérie? Le bien est toujours à côté du mal.

— Ah! ah! messieurs, ricana Fromentin, Pierre est un sectaire de la doctrine de compensation. Il pense qu'un malheureux touche à la suprême félicité parce qu'il n'a plus de motifs de craindre les vicissitudes du sort. En un mot, la logique de cette école conclut que tuer un homme, c'est lui rendre service, car on le guérit radicalement de toutes les maladies; système médical et humanitaire fort en usage, comme vous savez.

— Trève de mauvaises plaisanteries, dit Marcillac.

Ne nous laissons pas gagner par le découragement. Décidons quelque chose : allons aux frontières du Maroc ou dans la cité d'Abd-el-Kader, à Tlemcen ou à Maskara, comme on nous l'a conseillé.

L'assemblée était fort indécise; on tira les deux villes au sort. Maskara sortit triomphalement du chapeau. Aussitôt les paquets furent faits; la hutte achetée la veille fut vendue; avec le produit de la vente, les voyageurs firent l'emplette d'un ânon sur le dos duquel ils chargèrent leurs bagages : après quoi ils se mirent en route vers la terre promise.

Cependant la première expérience de l'Algérie avait considérablement refroidi l'enthousiasme des artistes. En vain le philosophe cherchait à rasséréner l'esprit de ses compagnons par un véritable flux de sentences stoïques; en vain le poète lançait au hasard ses paradoxes les plus spirituels; en vain le musicien fredonnait ses thèmes favoris, et le peintre s'extasiait à chaque instant devant les chauds horizons ou les pittoresques chaînes de montagnes; quoiqu'elle s'ingéniât à masquer ses secrets sentiments, la troupe nomade n'était pas gaie.

Un regrettable incident vint encore ajouter à la tristesse des artistes : à mi-chemin d'Oran à Maskara, ils perdirent leur précieux ânon pour avoir oublié de lui donner à manger. Cependant ils arrivèrent sains et saufs au terme de leur voyage; ils firent leur entrée dans la ville de Maskara d'une manière théâtrale, en drapant leurs vêtements couverts de poussière et déchirés aux aspérités de la route.

A peine les artistes eurent-ils franchi la porte de

Maskara, qu'à leur grande surprise ils furent sollicités de tous côtés par des hôteliers qui leur vantaient chacun son établissement. Après avoir écouté ces diverses propositions attentivement, avec une dignité de capitalistes, ils donnèrent la préférence à l'aubergiste du *Spahi*, où ils commandèrent à souper. L'hôtelier s'imaginant avoir affaire à des touristes de qualité, croyant avoir trouvé en eux le Pérou, criait à tue-tête à son cuisinier : — Chef! des voyageurs! — Bon, répondait le chef d'une voix de stentor. — Chef, à vos fourneaux. — Voilà. — Chef, potage, purée Crécy. — Bon. — Chef, deux gigots. — Bon. — Et le chef de danser dans son officine et de révolutionner toutes ses casseroles..

Nos convives firent le plus grand honneur au repas. Les mets furent arrosés de vin d'Espagne; au vin d'Espagne succédèrent le café et les liqueurs, si bien que la note de l'hôtelier, nouvelle tête de Méduse, sembla terrifier les consommateurs; elle arrêta brusquement le cours jusque-là paisible de leur digestion.

— C'est bien, dit Marcillac avec sang-froid à l'aubergiste en insérant la note dans sa poche. Nous additionnerons cela... Vous savez que nous prenons domicile chez vous.

— Ah! mais pardon, rectifia l'hôtelier, je n'ai pas l'avantage de vous connaître, messieurs, Certainement, je ne doute pas de votre solvabilité, bien loin de là... Mais j'aimerais autant être payé tout de suite.

— Qu'à cela ne tienne, brave homme, reprit Marcillac impassible. Qui a la bourse de la communauté? Toi, je crois, Théodore?

Le musicien balbutia et répondit naïvement :

— Non, ma foi; tu te trompes. Tu sais bien que tu t'en es chargé...

— Parbleu! se hâta de répondre Fromentin, en clignant de l'œil à ses amis; ne vous rappelez-vous pas que Bourriquaud s'était chargé du trésor de la communauté.

— Pauvre Bourriquaud! soupira le philosophe. Quel malheur de l'avoir perdu en route!

L'hôtelier qui suivait mot à mot cet étrange dialogue, avec une inquiétude croissante, demanda des explications.

— Comment, vous avez perdu Bourriquaud, votre caissier, en route... Je ne comprend pas bien, messieurs.

— Il s'est égaré aux environs du Sig, continua Marcillac, mais il reviendra intact avec son sac d'écus, car Bourriquaud n'a jamais rien perdu... que son chemin.

— Je ne doute pas de vous, messieurs, dit l'hôtelier impatienté; cependant veuillez excuser mon insistance. Vous ignorez les mœurs et les usages de ces contrées. Entre nous, on peut le dire, nous sommes dans un pays de voleurs...

— Misérable! tonna Marcillac menaçant, en se dressant de toute sa taille, tu nous traites de voleurs!

— Infâme gargotier! cria Fromentin à son tour, tout ton sang ne suffirait pas à payer cette injure.

— Pourvu que je ne la paie pas de mon dîner, c'est tout ce que je demande, répliqua vertement l'aubergiste. Mais je vais vous faire consigner chez le commandant de la place.

— C'en est trop, mille dious! hurla Marcillac en sortant de table.

En ce moment un spahi, un zouave et un zéphir (bataillon d'Afrique) qui se trouvaient dans la première pièce, ouvrirent la porte du salon et s'interposèrent entre les parties belligérantes.

— Qu'y a-t-il? Pourquoi tant d'évolutions? demandèrent-ils.

— Il y a, répondit l'aubergiste furieux, que ces messieurs se sont gavés chez moi et qu'ils ne veulent pas me payer.

— Est-ce vrai, messieurs? questionna le zouave.

— Nous ne demandons pas mieux que de payer, dit Marcillac.

— Eh bien! alors... dit le zouave.

— Mais nous n'avons pas le sou, acheva Marcillac.

— Pas le sou! Je suis ruiné! s'écria l'aubergiste en tombant comme une masse sur une chaise.

— Pas le sou! répéta le chef de cuisine présent à la scène. Eh bien! comment ferai-je mon marché demain?

— Allons! allons! père gargotier, dit le zouave, pas tant d'esbrouf pour le quibus. Ces camarades-là n'ont pas figures de fripons.

— Mais en attendant ils digèrent mon dîner franc de port, — répondit l'aubergiste.

Le juif Salomon.

— Eh bien! nous vous en répondons de votre dîner, moi et mes amis le spahi et le zéphir, à condition que vous logerez cette nuit ces messieurs, et demain nous règlerons tous ensemble ce compte-là; ça vous va-t-il?

Les mains du zouave, du spahi et du zéphir furent disputées à la fois par le chef, l'aubergiste et les artistes. Il y eut une effusion de sentiment difficile à décrire. L'aubergiste, remué par une subite émotion, pleura abondamment; le chef désormais sûr de son marché, eut des accès de gaîté folle. Tous les acteurs de cette scène trinquèrent à plusieurs reprises, au milieu de l'enthousiasme général.

— Mes enfants, dit le zouave attablé et le verre en main, nous devons nous expliquer franchement, car demain sans doute vous serez dans le même embarras qu'aujourd'hui, et, tout en causant, nous pourrions vous trouver quelque bonne affaire. Voyons, confiez-vous à Jacques le zouave, un vieux dur à cuire. Quelles ressources avez-vous? quelle est votre profession? D'abord, vous, tête blonde?

— Poète, homme de lettres, répondit Charles Fromentin interpellé.

Le vieux zouave fit une grimace épique de mauvais augure.

— Un homme de lettres en Afrique, s'écria-t-il, voilà du nouveau. Vous ne ferez rien ici, mon jeune ami. Nous manquons absolument de cabinets de lecture et d'académie! Ah! si vous vouliez être souffleur de notre théâtre.

— Tout de même, fit Fromentin.

— Bon ! j'ai votre affaire. A votre tour, camarade, questionna Jacques, en touchant amicalement l'épaule d'Aldenis.

— Moi ! je suis un ex-deuxième violon de l'orchestre de la Porte-Saint-Martin.

— Un ex-violon, fit le zouave. Mauvais instrument. Ah ! si vous aviez la vocation de cardeur de matelas... le besoin de cette profession se fait généralement sentir à Maskara... Je vous enseignerai la manière de battre la laine en mesure.

— Cardeur de matelas ! répéta Aldenis. Le métier n'a rien d'attrayant : mais enfin... faute de mieux...

— A un troisième, demanda le zouave.

— Je vous présente un peintre de paysages, dit Marcillac, en se prenant par le poignet.

— Si vous étiez peintre de victoires, mon cher, dit avec orgueil le vieux Jacques, zouaves, spahis, zéphirs, turcos, chasseurs d'Afrique, nous poserions gratis ! Mais puisque vous avez le maniement des couleurs, vous deviendrez un excellent teinturier-dégraisseur.

— Va pour la teinture, s'écria gaiement Marcillac.

— Et le quatrième, là-bas, le taciturne, qu'est-il ? dit Jacques.

— Ancien professeur de philosophie, répondit Marcillac.

— Bon ! nous en tirerons un avocat ou un homme d'affaires... Eh bien ! mes enfants, il me semble que vous voilà à peu près casés.

— Ce sont des professions peu libérales! objecta Aldenis, à qui le métier de cardeur de matelas souriait peu.

— Ah! si vous conservez les préjugés de l'Occident, mes petits agneaux, répliqua le vieux zouave, vous êtes certains de vivre aussi heureux en Algérie que sur le radeau de la Méduse. Vous ne trouverez pas ici, comme en Europe, des sociétés de secours mutuels, des frères et des sœurs de charité. Chez nous, chacun pour soi et Dieu pour tous! Mais à vos yeux écarquillés, à vos oreilles tendues, à votre air de novices à bord, je juge que vous êtes diablement étrangers à nos us et coutumes. Écoutez donc religieusement mon sermon et faites-en votre profit.

« Les Européens d'Afrique peuvent se diviser en trois classes : les fonctionnaires, les colons agriculteurs et les individus sans profession déterminée. Respect à la première catégorie! Elle a des appointements fixes. Rien à dire de la seconde, sinon qu'elle ne met pas le pot au feu tous les jours. Mais la troisième dont vous faites partie... Ah! voilà celle qui vous intéresse, car vous tranchez de la bohême. Notre régiment de nomades est composé en grande partie d'aventuriers, de gens décidés à tout pour arriver à la fortune. Ils sortent on ne sait trop d'où; l'homme qui débarque sur notre terre fait peau neuve. Personne ne peut trahir son origine douteuse ou divulguer son histoire. Nouveau phénix, l'émigrant renaît de ses cendres. Il se blasonne de titres, d'honnêteté et de vertus dignes de l'âge d'or; il se donne d'illustres aïeux, de riches parents qui l'ont excommunié pour une vétille; en un mot, il s'attribue la plus intéressante et la plus poétique des odyssées. Mais, malheur sur sa vie, si ses fantasques histoires lui font perdre de vue la terre, s'il ne travaille pas, s'il n'a pas argent en poche pour répondre à ses premiers besoins, car le crédit est brûlé en effigie. Une pièce de cent sous vaut dix francs; encore, pour l'avoir, doit-on s'agenouiller humblement devant les fils d'Israël. Lorsqu'on a comme vous, messieurs, le gousset vide, il ne s'agit donc pas de s'amuser aux bagatelles de la porte; il faut se mettre tout de suite à une œuvre quelconque, à n'importe quoi, à carder des matelats, à vendre des aiguilles, et se garder de rougir de son métier. Il y a une absence complète de préjugés chez nous. Le même homme qui vend aujourd'hui du cirage ou des épingles sur la place publique, obtiendra demain la concession d'une vaste propriété, soumissionnera une importante entreprise, prêtera à la petite semaine, ou prendra un grand établissement. L'Algérie est le pays des métamorphoses! Ainsi, mes enfants, arrière les vains amours-propres et les inutiles timidités de la civilisation. Soyons chrétiens en France et musulmans en Afrique! A l'œuvre! à l'œuvre! Les travaux ne manquent pas chez nous; ce sont les bras qui manquent; voilà le vrai défaut de la cuirasse. Nous avons moins besoin de peintres, de poètes, de philosophes, de musiciens que d'industriels, de maçons, de remueurs de terre! J'ai dit. »

Les artistes remercièrent avec effusion le zouave, le zéphir et le spahi, sauf pourtant Aldenis, qui gardait encore sa rancune. Ce que voyant, le zouave lui dit :

— Puisque vous ne vous sentez pas de vocation pour le tricotage de la laine et que vous montez si bien à l'échelle, nous ferons de vous un peintre en bâtiment.

Cette dernière saillie mit en joyeuse humeur toute la troupe, qui ne se sépara qu'à minuit. On promit de se revoir.

L'hôtelier conduisit les quatre amis au premier étage de sa maison, pour leur indiquer leurs logements respectifs.

Dans le corridor, il les arrêta et leur dit :

— Qui de vous, Messieurs, veut être logé à la française?

— Tous! répondirent les artistes.

— Ah! mais c'est impossible, reprit l'hôtelier; je n'ai qu'une chambre ornée de lit. Les autres sont garnies d'un moëlleux tapis qui assurément vaut mieux que de la plume.

— Je réclame le lit comme le plus éreinté! s'écria Adenis.

Ses camarades ne contrarièrent pas le désir du musicien, qui s'empara de la chambre ornée du lit.

Aussitôt couchés, nos aventuriers s'endormirent du sommeil du juste; mais vers les trois heures du matin ils furent réveillés en sursaut par les cris : Au voleur! à l'assassin! Tous les voyageurs de l'hôtel du Spahi envahirent instantanément la chambre d'Aldenis, d'où étaient partis ces cris, et là furent témoins d'un spectacle grotesque. Aldenis venait de terrasser l'hôtelier lui-même et s'apprêtait à l'étrangler, lorsqu'il en fut empêché par ses amis. On s'expliqua de part et d'autre. Cet événement, qui avait failli tourner au tragique, résultait d'une méprise. Des voyageurs étaient arrivés à trois heures du matin; l'hôtelier du Spahi, manquant de meubles et de linge, avait pénétré à pas de loup dans la chambre d'Aldenis pour lui enlever subrepticement un vase de nuit et un couvre-pieds, qu'il destinait aux nouveaux venus. Mais, en pratiquant cette opération difficile, il eut le malheur de réveiller Aldenis, qui en ce moment rêvait de batailles et d'Arabes. Le musicien crut qu'il avait affaire à un assassin et le traita comme tel. Grâce à Dieu, l'hôtelier en fut quitte pour la peur. L'explication terminée, chacun regagna son lit, en riant de cette aventure.

Dès sept heures du matin, Jacques ouvrit la porte de Fromentin.

— Qui va là? murmura le poète encore endormi.

— C'est moi, et j'entre! dit le zouave.

— Ah! c'est vous, l'ami; donnez-vous donc la peine de vous asseoir .

— Sur votre tapis, n'est-ce pas? dit le zouave. J'espère que vous êtes crânement meublé. Un pot à tabac et un tapis. Voilà un hôtel bien garni, ou je ne m'y connais pas. Cependant, il ne faudrait pas s'endormir au sein des délices de Capoue. Vous n'êtes plus à Paris, camarade!

— Mais, à propos, où diable sommes-nous? demanda Fromentin en se posant sur son séant

— A Maskara, la ville d'Abd-el-Kader, située à

Je vous apprendrai la manière de battre la laine en mesure.

(P. 96.)

quatre mille mètres au-dessus du niveau de la mer, et à quatre mille lieues du Désert, répondit plaisamment le zouave.

— Du Désert.... répéta Fromentin pensif; diable!

— Allons, réveillez-vous, bel endormi, dit Jacques. Voici la servante qui vous apporte le champoreau du matin.

— Champoreau! qu'est-ce que cela?

— Un mélange de café et d'eau-de-vie, de lait et de sucre, ça nettoie l'estomac, buvez de confiance! Moi je vais, pendant ce temps, réveiller vos camarades. Nous devons nous entendre pour entrer en campagne aujourd'hui même.

Lorsque les quatre artistes furent réunis, le zouave leur fit à chacun la leçon. Il donna à Marcillac tout ce qui est nécessaire au dégraissage des effets; fiel de bœuf, potasse, alcali, gomme en poudre pour lustrer l'étoffe dégraissée, et lui enseigna la manière de s'en servir. Passant à Théodore Aldenis, il carda un matelas devant lui en moins de vingt minutes. Puis il montra à Eugène comment il fallait tirer la voix de la poitrine afin de bien souffler aux acteurs de Maskara, qui ne savaient jamais leurs rôles.

— Quant à vous, Pierre Balard, dit le zouave, vous cumulerez les importantes fonctions d'écrivain public, d'homme d'affaires et d'avocat. Demandez toujours dix francs d'avance à ceux qui vous apporteront leurs dossiers. Dix francs d'avance! Toute la science des hommes d'affaires est là.

A ce moment, l'hôtelier entra dans la chambre où

étaient réunis les cinq personnages, prit à part le zouave et lui dit quelques mots à l'oreille.

— Oh! quelle aubaine! s'écria Jacques. Faites monter, corbleu! faites monter.

— Qu'y a-t-il donc? qu'arrive-t-il? demandèrent les artistes intrigués.

— Il arrive un client! s'écria le zouave avec enthousiasme.

En effet, un individu à figure de fouine parut au fond du corridor.

— A vos appartements, Messieurs! dit le zouave à ses élèves.

La sortie simultanée des artistes troubla le nouveau venu, qui demanda timidement l'avocat récemment arrivé de Paris. Le zouave le conduisit dans la chambre de Pierre Balard.

— Ah! oui, le célèbre Balard, fit Jacques en allant au devant du client. Il est arrivé hier de Paris, et il n'a pu s'installer convenablement. Je suis son brosseur, son confident; mais je ne sais pas s'il consentira à vous recevoir. Il a tant d'affaires!

— La mienne presse.

— C'est bien. Je vais le prévenir.

Le zouave disparut quelques instants et revint auprès du client, qu'il introduisit dans la chambre d'Aldenis, où se trouvait Pierre Balard.

— Monsieur, dit aussitôt le client, j'ai appris ce matin par la rumeur publique qu'un célèbre avocat de Paris avait franchi nos murs, et j'accours vers vous... J'ai une affaire très-difficile, très-laborieuse...

— *Labor improbus omnia vincit,* — dit sentencieusement le philosophe.

— Il s'agit d'un terrain, reprit le colon, dont la concession m'avait été accordée par l'administration, et que la tribu des Hachem-Gharabas a ensemencé sans m'en demander l'autorisation. Naturellement j'ai pris les récoltes de ma terre; elles me revenaient de droit. Mais la tribu, par l'organe de son caïd, a adressé une plainte contre moi au commandant de place. Un procès m'est fait, et je compte vous charger de ma défense. Vous comprenez : il faut prouver que les récoltes des Arabes m'appartiennent.

— Avez-vous entre les mains les titres de votre concession? demanda Pierre Balard.

— Non, je ne les ai pas, répondit naïvement le colon; cependant, ne pourrait-on pas prouver que le terrain m'appartenait, puisque j'ai enlevé les récoltes?

— Diable! le syllogisme pèche par la base. Le terrain ne vous appartenait pas *de jure* ni *de facto,* et la loi exige...

— Oui, interrompit brusquement le zouave, en marchant sur le pied de l'innocent avocat qui allait rebuter son client; oui, Monsieur, nous prouverons que les Arabes sont des misérables...

— Des brigands, fit le colon.

— Des voleurs, reprit le zouave. Leurs récoltes ne leur appartenaient pas. Ils ont volé un terrain qui ne vous appartenait pas, mais qui aurait pu vous appartenir. Nous le prouverons *de juro* et *de facto.* M. Balard a prouvé bien d'autres choses à Paris. Monsieur ne viendrait pas de Paris pour ne rien prouver!

— Oh! je me confie pleinement au talent éprouvé de Monsieur, dit le colon, gagné par les paroles de Jacques.

— Votre cause est gagnée d'avance... Mais vous n'ignorez pas les usages de Paris. Un petit dépôt préalable en numéraire est indispensable pour premiers frais d'actes, de significations, etc. N'est-ce pas, Monsieur? demanda le zouave à l'avocat improvisé.

— Oui, confirma Pierre Balard. Dix francs seulement.

— Dix francs! murmura le client. Diable! si j'avais su avant de partir de la maison... Je n'ai que cinq francs sur moi.

— Eh bien! donnez-les, dit vivement Jacques... ça passera comme à-compte pour aujourd'hui.

Le client tira avec précaution une pièce de cent sous de sa poche; mais l'œil exercé de Jacques découvrit une autre pièce dans les profondeurs du gilet du colon. Il résolut de la lui faire donner.

— C'est bien entendu, Monsieur, dit le colon en remettant l'argent à Balard, vous vous chargez de mon affaire. Je vous apporterai demain tous mes papiers.

— Quand vous voudrez, Monsieur, répondit le philosophe

— Ah ça! Monsieur, dit le zouave en reconduisant le client, n'auriez-vous pas, par hasard, de la literie à refaire... Cet hôtel possède un cardeur de matelas à nul autre pareil... Tenez, le voici, ajouta Jacques en ouvrant la porte de la chambre d'Aldenis.

Celui-ci, stupéfait, ne sut rien dire.

— Non, non, zouave, je vous le répète, s'écria le client, je n'ai pas de mauvais matelas!

— Au moins, revint à la charge l'obstiné zouave, vos maisons ont-elles besoin d'être remises en état, d'être réparées et repeintes à neuf? Voilà votre homme! Monsieur Marcillac de Paris, peintre en tableaux et en bâtiments.

— Mes maisons sont nouvellement bâties, répondit le colon; je n'ai que faire d'un peintre.

— Comment, Monsieur, dit le zouave en reconduisant le client, vous, un riche colon, vous portez des habits aussi souillés de taches, maculés de vilenies. Venez donc! Nous possédons dans cet hôtel le plus célèbre dégraisseur de Paris. Il va vous nettoyer comme un gant.

Et ce disant, le zouave prit le colon au collet et l'entraîna dans la chambre de Marcillac en faisant signe à ce dernier de l'imiter. Ils se mirent tous deux à savonner, à frotter cet homme des pieds à la tête, en disant :

— Monsieur, que vous étiez dans un triste état! Quel habit immonde! Quel sale pantalon et quel gilet! On ne vous reconnaîtra plus lorsque vous sortirez de nos mains. Tenez, vous voilà métamorphosé! Regardez-vous dans ce miroir.

— Merci, Messieurs, dit sans plus de façon le client en tournant les talons.

— Pardon! s'écria Jacques, vous nous devez cinq francs.

— Cinq francs ! Mais je ne vous ai pas demandé ce nettoyage, moi !

— Qui ne dit mot consent, répliqua Jacques. Comment ! vous marchandez le plus célèbre dégraisseur de Paris, qui vous a mis au net? C'est mesquin. Vos vêtements valent le double maintenant. Allons, exécutez-vous de bonne grâce.

— Je consentirais volontiers; mais, vous le savez, j'ai oublié de prendre de l'argent chez moi. Je me trouve au dépourvu.

— Cependant, dit le zouave, en dégraissant votre gilet j'avais cru sentir une résistance sous les doigts.

— Ah ! oui, ah ! oui, fit le client, rouge de honte et de peur, et mettant la main dans sa poche pour s'assurer qu'il n'était pas volé. La voici ! la voici ! Mais c'est hors de prix.

— Tenez, je vous donne un morceau de savon par-dessus le marché, dit Jacques en prenant la pièce de cinq francs.

Le client sortit, complétement nettoyé, de la chambre du dégraissage, jurant, mais un peu tard, qu'on ne l'y prendrait plus.

— Eh bien ! mes amis, dit le zouave aux artistes, vous voilà à la tête de dix francs. Ne désespérez jamais de la Providence. Aide-toi, le ciel t'aidera ! Ah çà ! tenez-vous sur vos gardes. Je vais faire annoncer aujourd'hui dans la ville, par l'embouchure de mon ami le trompette, que les habitants de Maskara trouveront à l'hôtel du *Spahi* une cargaison d'industriels et d'artistes parisiens : teinturiers, dégraisseurs, cardeurs de matelas, peintres en bâti-

Aldenis venait de terrasser l'hôtelier lui-même et s'apprêtait à l'étrangler. (P. 99.)

ments, hommes d'affaires, professeurs de belles-lettres et de philosophie, etc. Les travaux ne vous manqueront pas, je vous en réponds. Voyez, j'ai semé ce matin seulement la bonne nouvelle, et nous avons déjà récolté un client!

— Quel homme étonnant vous êtes! dit Marcillac au brave Jacques.

— Non, pas un homme étonnant, répliqua Jacques, mais un vrai zouave, je m'en fais gloire, également propre à battre l'ennemi et à se tirer d'affaire dans la pratique industrielle de la vie civile! Tête, bras et jambes toujours en avant!

— Mais enfin, dit Marcillac, pourquoi vous dévouer ainsi à notre cause? Qu'avons-nous fait pour que vous vous intéressiez si fort à nous?

— Est-ce que je sais, moi! Je vous ai vu hier au soir exposés, avec votre inexpérience et vos illusions, à mourir de faim, et, ma foi, j'ai voulu me mettre en travers du destin! Et puis, vrai! votre physionomie m'a plu au premier coup d'œil. C'est peut-être parce que vous êtes de beaux, de fringants jeunes gens, tandis que je suis vieux comme Hérode. J'ai besoin de m'attacher à quelqu'un, à quelque chose. Je m'ennuie... Il y a longtemps que je n'ai tripoté les Arabes. Après tout, quoi! une bonne action, par-ci, par-là, rachète quelque vieux péché, vous comprenez... la balance... Au diable l'explication! Est-ce qu'on se rend compte du pourquoi et du parce que de ces choses-là! Je vous aime et je vous servirai tant que je pourrai, voilà la chose!

— Vous êtes notre sauveur, maître Jacques, s'écria Marcillac.

— Oh! pas tant d'épithètes. Songeons à l'action. Vous, le héros de la teinture, à vos baquets. Vous, l'homme d'affaires, à votre bureau. Vous, Aldenis, au tricotage de vos matelas. Quant au seigneur Fromentin, je vais le présenter immédiatement au directeur du théâtre de Maskara, qui a besoin d'un souffleur. Allons, les enfants, bon courage et joyeuse humeur! Tête, cœur, bras et jambes toujours en avant!

Sur cette dernière parole, le zouave prit le bras du poète et sortit avec lui de l'hôtel du *Spahi*.

Eugène Fromentin fut agréé par le directeur du théâtre de Maskara. Le soir même, il soufflait les *Premières amours* de M. Scribe, à la satisfaction générale des artistes. Le lendemain, il dut jouer un rôle de comparse dans un ballet, car la troupe du père Laurenton était assez pauvrement composée. Le machiniste jouait les seconds comiques; la première amoureuse dansait le pas de deux avec le jeune premier, un fort beau maréchal-des-logis des spahis. Un artiste de la troupe du père Laurenton devait être universel : jouer la tragédie, le drame, la comédie et le vaudeville, chanter l'opéra, danser le ballet, doubler, souffler et figurer au besoin.

Fromentin eut d'abord beaucoup de mal à tirer de sa poitrine la voix de ventriloquie des souffleurs de théâtre; en outre, sa position dans le trou de l'orchestre était fort gênante; mais il trouva d'agréables compensations à ces petites misères du métier. Avant le lever du rideau, les actrices prenaient leur voix la plus caressante pour lui recommander tel ou tel passage de la brochure : et lorsqu'il était retiré au fond de son antre, il pouvait admirer les tibias et les pieds mignons de ces dames, si bien qu'à force de contempler aux feux de la rampe le pied cambré d'une actrice espagnole qui jouait les ingénues, le poète-souffleur en devint amoureux fou. Il passait sa vie au théâtre, il y couchait, il ne voyait plus ses amis de l'hôtel du *Spahi*. Ceux-ci, de leur côté, trimaient furieusement.

Grâce au trompette de zouaves, les clients étaient venus en nombre. Aldenis maugréait toujours contre sa position sociale de cardeur de matelas ; il se plaignait d'une toux causée par la poussière de la laine. Quant à Marcillac, il s'acquit bientôt à Maskara une réputation d'excellent teinturier-dégraisseur. Il eut spécialement la clientèle des fils d'Israël. Tous les juifs qui ne s'étaient pas fait nettoyer depuis Moïse lui apportèrent turbans, vestes, culottes, caftans. Mais la roche Tarpéienne est près du Capitole. La présomption perdit Marcillac. Se croyant sûr de son talent, il entreprit de dégraisser avec de l'alcali une magnifique robe plaquée d'or et la brûla.

Cette robe de juive valait au moins quinze cents francs. Lorsqu'il la reporta à son propriétaire, la femme Salomon menaça Marcillac du poing, l'injuria en hébreu, lui fit une scène qui se serait terminée d'une façon si dramatique, une jeune fille n'était venue se placer, nouvelle Sabine, entre les champions. C'était mademoiselle Salomon elle-même, pianotant agréablement et parlant purement la langue française. Elle désarma le fougeux Marcillac, par sa parole harmonieuse, autant que par sa ravissante figure du plus pur type israélite. Le teinturier-dégraisseur se retira en emportant dans son cœur cette angélique apparition.

Marcillac croyait sa malencontreuse affaire terminée, lorsqu'il reçut une assignation à comparaître devant le commissaire civil pour avoir à payer deux mille francs de dommages-intérêts comme indemnité de la robe brûlée. Grande rumeur dans la colonie artistique. Comment se tirer de ce mauvais pas? Deux mille francs à payer! Jamais les quatre amis ne réaliseraient pareille somme. Cette nouvelle atterra le zouave Jacques lui-même; il ne parlait de rien moins que de désosser le juif Salomon. Enfin on prit un parti; il fut décidé que l'avocat Pierre Balard défendrait Marcillac.

Le jour des débats, une nombreuse assistance, attirée par l'étrangeté de la cause, assiégeait la barre du commissaire civil. Maître Salomon se présenta armé de la robe, pièce de conviction du délit, exposa ses griefs, réclama chaudement ses dommages-intérêts, s'écriant qu'il n'aurait pas donné la robe de sa femme pour dix mille francs. Il pleura, il émut l'auditoire. A son tour Pierre Balard, le défenseur de l'inculpé, se leva. Il ouvrit la harangue par des considérations philosophiques, fort étrangères au dégraissage, sur les costumes de l'antiquité grecque et romaine, qui lui valurent de nombreux rappels à l'ordre de la part du commissaire civil. Ces interruptions le troublèrent et jetèrent une grande confusion dans sa plaidoirie.

S'apercevant que son ami le perdait bel et bien, Marcillac demanda la parole. Il convint avec franchise de la brûlure de la robe, contesta la valeur du dommage causé, et termina son allocution en disant qu'il lui était impossible de remettre deux mille francs au juif, mais qu'il lui offrait, en revanche, d'épouser sa fille sans dot. Cette conclusion fort inattendue provoqua un rire homérique dans l'assemblée.

— Ne riez pas, messieurs ! s'écria Marcillac avec une imperturtable gravité ; mon père possède deux châteaux avec ponts-levis et machicoulis sur les bords de la Garonne ; ma tante maternelle ne connaît pas l'étendue de ses terres, et, dès que je serai rentré en grâce avec mes parents, il me sera facile, si ma proposition de mariage n'est pas agréée de la plaignante, de donner deux misérables billets de mille francs !

Ces affirmations hardies arrêtèrent les moqueries de la foule. Le juif Salomon lui-même considéra d'un air d'intérêt l'homme qui se proposait de devenir son gendre.

— S'il n'était pas chrétien, murmura-t-il. Au surplus, c'est à voir. En attendant, je me désiste.

Le commissaire civil, désarmé, acquitta Marcillac de la plainte portée contre lui, en lui recommandant cependant de ne pas brûler, à l'avenir, les robes, sous prétexte de les nettoyer.

L'aventure de la robe juive popularisa Marcillac à Maskara. Ses amours furent commentées, coururent de bouche en bouche Marcillac se piqua au jeu. S'étant rendu à une soirée donnée par le commandant de place à la population de Maskara, il eut le bonheur de causer et danser avec la belle Rachel Salomon. Dès lors il passa à l'état d'amoureux fou comme son ami Charles Fromentin; mais le poète ne manœuvra pas aussi bien que Marcillac. Il eut l'imprudence de s'aliéner le public en défendant publiquement l'actrice espagnole contre le public. Un soir qu'on la sifflait à outrance, Fromentin surgit impétueusement de son trou de souffleur, d'où il n'aurait jamais dû sortir, et harangua le parterre d'une manière inconvenante.

— A ta niche! à ta niche! lui cria le public.

Cette sortie insolite le couvrit de ridicule et lui valut un duel. Heureusement, Jacques le zouave arrangea l'affaire. Mais l'actrice sifflée dut quitter Maskara; elle se rendit à Barcelone, où Charles Fromentin l'accompagna contre le vœu de ses amis.

Une pierre de l'édifice enlevée, le reste croule. Bientôt l'association des artistes se démembra complétement. Marcillac épousa Rachel la belle juive et suivit la famille Salomon, qui allait résider à Constantine.

Aldenis, de plus en plus dégoûté du cardage, s'engagea dans la musique militaire à Mostaganem. Pierre Balard fut le seul qui tint ferme à Maskara, à la grande satisfaction du bouave, que ces départs successifs avaient attristé.

— On ne vous enlèvera pas, philosophe, comme ces étourneaux de Fromentin et de Marcillac, disait-il souvent à Pierre Balard.

En effet, un individu à figure de fouine parut au fond du corridor. (P. 104.)

Le zouave se trompait.

Après un éclatant insuccès devant le tribunal du commissaire civil, Pierre Balard, qui avait quelques connaissances en médecine, se fit docteur consultant des indigènes.

Il réussit dans cette nouvelle profession. Les Arabes des plus riches tribus l'envoyèrent chercher fréquemment. Une Mauresque de Cacherou réclamait souvent sa présence, quoiqu'elle ne fût pas le moins du monde malade, causait quelques instants avec lui et le payait avec générosité.

Pierre Balard cherchait vainement à comprendre le sens caché de cette étrange conduite, lorsque l'explication lui en fut donnée un jour par la négresse de la Mauresque, qui lui apporta un riche costume arabe et lui dit que sa maîtresse les attendait au ravin des Lauriers-Roses de la plaine d'Eghris, pour partir ensemble au désert. Le philosophe fut si stupéfait d'avoir inspiré cette passion, qu'il chaussa machinalement les babouches et se laissa vêtir sans opposition par la négresse du reit, du haïk, du burnous.

— Cela tient des *Mille et une Nuits*, pensait-il. Pourquoi n'obéirais-je pas au destin. Je n'ai plus d'amis à Maskara. Le sort en est jeté! Allons étudier les mœurs des Bédouins au désert!

Et le philosophe Pierre Balard, soudainement métamorphosé en Arabe, suivit la négresse au ravin des Lauriers-Roses.

Lorsque l'hôtelier du *Spahi* apprit à Jacques le départ de Pierre Balard, le zouave s'écria furieux :

— Oh! les Juifs! les Espagnols! les Arabes! Ils

m'ont enlevé mes amis ! Ils me le paieront cher à la première occasion.

Cette explosion de colère passée, le zouave, resté seul, se mit à pleurer comme un enfant sur ses élèves qu'il ne devait plus revoir.

Ainsi ces quatre compagnons, après avoir juré de rester unis jusqu'à la tombe, s'étaient séparés au premier choc de la passion, comme les grains de poussière que le tourbillon disperse dans l'espace; et ce voyage, qui avait commencé par l'enthousiasme, l'union, la misère et la gaîté, finit par l'isolement, la fortune et la tristesse. N'est-ce pas la vie en abrégé?

TROISIÈME PARTIE

LA FANTASIA DU RAMADAN

I.

« Aahô! aahô! aahô! Plus vite encore, mon coursier. Tu es agile comme la panthère, gracieux comme la gazelle; tu bondis comme le lion; le feu sort de tes naseaux. Aahô, aahô, le paradis est à nous. Vole au septième ciel du prophète. »

(*Légende arabe.*)

Oui, elle a jeûné pendant une lune entière; oui, elle a suivi, jusque dans ses prescriptions les plus cruelles, la loi de son prophète, cette race austère et croyante, fille d'Ismaël le bâtard et le maudit; — oui, pendant trente jours, de l'aurore au couchant, elle s'est abstenue de tout aliment. — Effrayantes macérations, qu'elle seule au monde puisse supporter avec cette résignation et ce stoïcisme dignes de l'antiquité!

Mais voyez s'illuminer tout à coup de rayons de gaîté toutes ces physionomies mortes, tous ces visages hâves et anguleux, aux rides creusées par la maigreur et la faim. C'est que la dernière heure du ramadan a sonné! Aussitôt des troupes de nègres font irruption dans Maskara. Ils vont de porte en porte en criant, dansant, faisant un infernal charivari; les uns frappent sur de grosses caisses, avec un bambou, trois coups précipités d'une éternelle monotonie, les autres battent des mains de petits tams-tams de forme cylindrique, qu'ils retiennent sous l'aisselle, tandis que ceux-là remuent vivement d'énormes castagnettes en cuivre, ressemblant assez à des bouches de soupape, rendant un son discordant comme des casseroles en révolution, et que ceux-ci pivotent sur eux-mêmes avec la rapidité d'une toupie. Les deux nègres qui tourbillonnent sont entourés de musiciens, dansant alternativement sur le pied droit et sur le pied gauche, se baissant et se relevant en cadence par mouvements convulsifs. Les Arabes ou les juifs qui sont l'objet de ces honneurs ne sont délivrés du vacarme diabolique des nègres qu'après leur avoir donné un boudjoud.

La dernière heure du ramadan a sonné... Quelle joie! quel délire! Il est enfin permis de se nourrir, de manger à loisir du couscoussou. On ne saurait trop célébrer l'heureux jour de délivrance, la Pâque musulmane. Les moukères, entourées de musiciens, exécutent la danse du yatagan. Fantasia! fantasia! vite la splendide parure du cheval! D'abord sa housse brodée de palmes, sa bride lamée d'argent, sa selle damasquinée et poinçonnée d'or. Quel luxe! quelle magnificence! Comme le coursier arabe dresse fièrement sa tête intelligente et fine sous ce somptueux harnachement! Comme ses veines, où coule un sang impétueux, dessinent leurs lignes sous sa blanche robe? Orgueil de l'Arabe, l'heureux animal est plus choyé que la houri reléguée sous la tente. A la femme l'isolement, l'esclavage, la nuit; — au cheval les honneurs, les riches draperies, le soleil, la fantasia!

Pour être digne de son coursier, l'Africain a chaussé ses larges bottes de maroquin rouge; il s'est drapé de son superbe haïck; il a endossé son burnous brodé d'arabesques, au capuchon orné d'une myriade de glands de soie; il a coiffé son chapeau-pyramide tressé de pailles jaunes et rouges; il a pris son yatagan et son fusil au long canon cerclé d'anneaux d'argent, et dont la crosse, petite et très-aplatie, est surmontée d'une grossière batterie à pierre, serrée par une vis à rouet, comme les arquebuses du moyen âge.

— A cheval! à cheval! et courons au rendez-vous général de la fantasia, aux plaines de Maskara.

Avant de parler de la pièce et des acteurs, quelques mots du théâtre.

C'est grandiose et vaste comme la mer. L'admirable bassin qui entoure Maskara, assis sur une éminence, étend au loin ses immenses nappes de chaume et de palmiers nains. Elles sont cerclées du côté du désert par des vagues de mamelons, qui moutonnent sous le dôme profond d'un ciel dont pas une teinte ne trouble l'azur. Au levant, trois assises parallèles de granit, comme une trinité de monstrueux sphynx, allongent leurs blocs dans la vallée. Une chaude et limpide lumière baigne ces plaines fertiles, coloriées de mille nuances diverses et coupées par intervalles de larges oasis, chatoie sur les roches anguleuses, et comble de grandes ombres les ravins des montagnes au-dessus desquelles planent aigles et vautours.

Mais à l'horizon glissent des armées de nuages, poussées par une brise sud-est entre les étroites vallées qui fuient en perspectives infinies à travers les assises affaissées des monts. Ce sont les belliqueuses tribus des Beni-Chougrans et des Hachem, qui arrivent à franc-étrier des montagnes du désert. En un instant la plaine se tatoue, comme par enchantement féerique, d'une myriade de bouquets de lys, qui scintillent aux rayons du soleil. Chaque sillon vomit un burnous. Tous ces groupes mobiles convergent vers un même but et y sont bientôt réunis. Mais telle est l'immensité de ce théâtre, de ces plateaux, vastes comme l'horizon, que cinq à six mille Arabes tourbillonnant sur un seul point, se confondant dans un pêle-mêle inextricable où une foule de teintes légères bariolent le fond blanc des burnous, ressemblent à une fourmilière en travail, où chaque insecte remue.

Quels signes pourraient exprimer la majesté de cette nature, au milieu de laquelle l'homme apparaît comme un ciron à côté d'un mastodonte? Aucun, si ce n'est l'adoration de ce pauvre nègre tout meurtri de fatigue, et qui pourtant oublie la fantasia pour remercier Allah. Les curieux le voient prosterné, embrassant de tout cœur et à pleine bouche la terre, roulant son front meurtri dans la poussière. Il se relève à genoux, et, tourné vers l'orient, reste immobile, enseveli dans une muette contemplation. La chaude lumière qui embrasse ces espaces incommensurables, se joue dans les labyrinthes de ces profondes perspectives, ondule avec les lignes azurées des monts, éblouit sa vue et son esprit. Ce n'est pas un Prométhée ni un idéaliste; il n'a pas le courage de soulever le coin du voile qui lui cache la Divinité; il n'a pas la force de mesurer de l'œil et de la pensée les mystères grandioses de la création; cette puissance incompréhensible le renverse à terre; il retombe accablé de toute la grandeur de Dieu, en murmurant un nouvel acte de soumission et de respect. Simplicité religieuse, que tu es grande sous le ciel !

Déjà les chevaux arabes bondissent en vraies gazelles à travers les palmiers nains; les tribus s'enchevêtrent, et leurs coursiers, lancés au trot ou au galop, forment des cercles, des anneaux, des losanges, une foule de figures plus ou moins géométriques qui se brisent à peine formées. Mais l'heure de la fantasia a sonné, et, à la voix des aghas et des caïds, qui jettent des sons gutturaux dont les Européens ne distinguent que ces syllabes souvent répétées : *Arroi fissa!* (marche vite), les Arabes, toujours dociles à leurs chefs, viennent se ranger autour des bannières de leurs tribus. Et ces chevaux si turbulents, si emportés tout à l'heure, sont maintenant d'une immobilité surprenante : le lion s'est fait agneau. C'est là du reste le caractère de la race arabe : désordonnée et furieuse dans l'action, pétrifiée dans le repos. La modération bourgeoise du pâle Occident est une vertu inconnue à ce peuple du soleil.

Les cavaliers se disposent en guirlandes sur le terrain qui leur est assigné par le commandement. Il se forme là un chapelet vivant de huit à dix goums et d'une quarantaine de tribus, accourues de toutes les montagnes dépendant de la subdivision de Maskara. Chacune d'elles se compose de cent à cent vingt hommes. Ce ne sont que les notables du douar, ce qu'on pourrait appeler l'aristocratie arabe, les guerriers. Les pauvres, qui n'ont pas eu assez de boudjouds pour acheter une monture, en sont réduits au rôle de spectateurs et de piétons, posture de la dernière humiliation pour les Arabes.

Chaque tribu, — signe distinctif de l'organisation politique des Arabes, — a son drapeau qui lui est particulier et qui la différencie des autres; ces bannières, d'une nuance unique, pour la plupart vertes, oranges, jaunes ou bleu lapis, sont de soie brochée. La hampe est couronnée d'une boule en cuivre doré, supportant un croissant d'argent. Dans l'ampleur de l'étoffe, une main, invariablement brodée de soie blanche, indique de ses cinq doigts un mot mystérieux qui doit préserver la tribu ou le goum de l'influence du *djinn*, du mauvais esprit. Celui qui porte le drapeau, — très-haute dignité, — est vêtu d'un manteau écarlate. Toutes ces bannières, de nuances très-vives, flottant au-dessus de blancs escadrons arabes, produisent un effet enchanteur.

Nous pouvons nous approcher sans danger pour admirer de plus près ces Africains, majestueusement drapés dans leurs manteaux, fièrement campés sur leurs selles, dont les deux extrémités très-relevées leur emboîtent l'abdomen et les reins, tandis que leurs pieds sont chaussés à l'aise dans leurs larges étriers. Tous ces cavaliers, dont les figures sont visiblement amaigries et parcheminées par le jeûne du ramadan, regardent avec admiration leur chef, leur agha, qui se tient à quelques pas devant eux. Il est facile de deviner qu'ils ne supportent pas l'autorité à la manière occidentale, mais qu'elle est pour eux une religion, qu'ils l'aiment et la respectent sans prêter la moindre attention à ses nombreux écarts ou à ses actes d'arbitraire.

Aussi quelle magnificence, quel luxe éclatant couvre la personne vénérée de l'agha! Son chapeau-pyramide est couronné de plumes d'autruche; son burnous, de la laine la plus fine, d'une blancheur immaculée, est à moitié couvert d'un autre manteau de drap rouge dont les plis retombent à profusion sur la croupe de son admirable cheval à la crinière ondoyante, à la belle encolure, qui porte orgueilleusement la tête, et semble comprendre de quel précieux fardeau il est chargé. La selle n'est qu'un massif d'or, de brillantes arabesques; les brides et les étriers sur lesquels reposent les bottes de l'agha sont plaqués d'argent. La poignée de son yatagan recourbé est incrustée de pierreries, et la crosse de son fusil sillonnée de serpents diamantins. Toutes les richesses luxuriantes et prodigues de l'Orient sont accumulées sur cette magnifique statue équestre.

On bat aux champs pour signaler l'arrivée des troupes françaises. Les spahis, en grande partie recrutés parmi les Arabes, ouvrent la marche, et les chasseurs la ferment. Au milieu défilent un régiment de ligne et le 1er bataillon d'Afrique (compagnie de discipline) qui porte le glorieux trophée de Mazagran. Ce drapeau criblé de balles, réduit en charpie, inspire à tous les Français qui le voient une sainte émotion, le légitime orgueil d'appartenir à une nation qui compte dans ses annales de tels faits d'armes; et le philosophe est heureux de penser que l'héroïque défense de Mazagran a été faite par des hommes mis au ban de l'armée, par des disciplinés. Il ne faut jamais désespérer d'un être chez lequel la grandeur et la dignité originelles de la créature de Dieu restent toujours empreintes d'un signe ineffaçable.

Mais un grand mouvement se fait dans les tribus, qui, pour laisser place aux bataillons français, sont contraintes de briser leur anneau et d'élargir leur zone. Elles galopent alors en masse avec une telle rapidité, que leur bannières ressemblent à des mâts de navires glissant sur l'onde. C'est à peine si, d'un morne élevé, le spectateur peut suivre ces évolutions; la plaine n'offre plus à l'œil ébloui qu'un vaste incendie. Les rayons solaires éclaboussent sur les yatagans, les fusils, les brillants harnachements des chevaux. Ce n'est partout qu'or et argent ruisselant dans les flots de lumière; la nature a enflammé tous ses tons, les montagnes sont effacées et noyées par les teintes dorées. Rien ne peut donner une idée de cette lumineuse fusion, de cet enfer africain.

Les spahis, couverts de leurs manteaux écarlate, qui ressortent vivement sur les blanches draperies des Arabes, se placent à quelque distance de leurs compatriotes, dont ils sont plus redoutés qu'aimés. L'ombre légère du tableau est faite par les lignes des régiments français qui se portent en face des tribus. Toutes ces troupes ne prendront pas de part active à la fantasia ; ce drapeau mutilé de Mazagran, ces canons qui allongent significativement leurs gueules, ces bataillons et ces escadrons disciplinés et alignés au cordeau, ont l'utile but de convaincre les Arabes de la puissante valeur de leurs conquérants, dans le cas où ils s'aviseraient de changer en guerre sérieuse les combats simulés auxquels ils vont se livrer tout à l'heure.

Le général, commandant la subdivision de Maskara, arrive, suivi de son état-major. Il parcourt au galop le champ de manœuvre sur son cheval isabelle, et commence la revue des tribus, qui, à son passage, élèvent en son honneur des colonnes d'encens en tirant en l'air des coups de feu. Les nuages de poudre, qu'aucune brise ne repousse, forment au-dessus des Arabes un ciel brumeux.

Cependant la foule de curieux presse, de ses flots impatients, la banderole circulaire formée par les escadrons arabes et les troupes françaises. La plaine est couverte de tentes et de groupes; les tribunes regorgent de dames. On attend anxieusement le signal de la course, qui a été tracé sur un terrain d'une lieue de longueur, et dont le point de départ et le but sont marqués par des trophées de feuillages couronnés de drapeaux tricolores. Enfin le canon retentit et aussitôt une foule de cavaliers volent sur la pelouse

Qui n'a pas vu de levrettes lancées dans une plaine sur un lièvre, qui n'a pas fait sortir de son gîte un cerf effrayé, ne peut pas se faire une idée de la vélocité de ces petits chevaux arabes, se ramassant sur eux-mêmes et se détendant avec une fougue furieuse. Le sol s'enflamme sous leurs pas; leurs crinières flottent en désordre et se mêlent aux draperies de leurs cavaliers. Les concurrents se suivent également, se mesurent et se pressent jusqu'à la moitié de la course; mais alors deux coureurs plus agiles se détachent du gros de la troupe.

Les têtes ardentes de leurs chevaux sont au même niveau. Le noir a plus de feu, mais le blanc plus de mesure et de nerf dans son galop. Trente mètres seulement les séparent du but. Lequel triomphera? Les deux tribus intéressées ne se contiennent plus, elles sortent de leurs rangs malgré les ordres de leurs chefs... elles hurlent, jettent des cris sauvages, encouragent du geste et de la voix leurs représentants La lutte touche à sa péripétie, et les deux coursiers semblent n'en faire qu'un. Ils ne peuvent se dépasser. La partie sera-t-elle nulle? Qui l'emportera donc du blanc ou du noir? C'est ce dernier. Il franchit d'un bond de tigre le dernier espace qui le séparait du trophée; mais, à peine arrivé, il tombe à terre et se roule ensanglanté : l'Arabe lui avait enfoncé ses longs éperons dans les flancs. Cependant le courageux animal se relève, il peut marcher encore. Son cruel maître reçoit des mains du général le prix du vainqueur, un magnifique fusil, et le porte tout triomphant à sa tribu, qui manifeste par toutes sortes de cris et de contorsions son exubérante joie.

Un autre escadron volant sillonne la plaine. Cette fois se sont les burnous rouges qui montent les coursiers les plus agiles. Les spahis se serrent de près. La victoire doit appartenir à l'un d'entre eux : mais une espèce de gnome, un Marocain nu comme ver, qui, par ruse, s'était un peu écarté de la troupe, coupe tout à coup le terrain en diagonale; son cheval, rapide comme l'oiseau, dépasse bientôt ses adversaires et arrive le premier au but, à l'ébahissement général du public.

Le Marocain, dans son costume par trop primitif, surtout pour les spectatrices, se présente devant la tribune du général, qui l'admoneste sévèrement sur son inconvenante tenue et cependant lui donne le prix : un riche sabre.

Deux 'autres courses auxquelles prennent part Arabes, spahis et chasseurs suivent celle-ci; ce sont toujours les Africains qui remportent la palme et qui sont accueillis en triomphe par les vociférations de leur tribu.

II.

Hélas ! le soleil a ses nuages, chaque chose à son ombre ici-bas, toute beauté sa caricature, — sarcasme du néant jeté sur la création entière. La femme a la vieillesse, les gracieux rires de la joie, les grimaces de la douleur, l'homme a le singe, et le cheval l'âne... Oui, pardieu ! c'est bien d'un troupeau d'ânes qu'il s'agit.

Toutes les bourriques du pays, — et ce n'est pas peu dire, — ont été réunies, se sont donné rendez-vous pour concourir. Mais, que c'est triste ! Comme ces Aliborons échinés de fatigue, le corps tout pelé par les caresses du maître, ont un air penaud qui contraste avec la fierté de port du cheval arabe ! Il faut une peine infinie et un déluge de coups de matrak pour les placer en rang. Enfin, après une foule d'épisodes comiques, les Arabes sont maîtres de leurs montures.

Le signal est donné.... Mais le départ des ânes est accueilli par un rire universel. Au lieu de suivre la ligne directe, ils se jettent de tous côtés, comme une fusée qui éclate dans les mains d'un artificier ; ils se répandent à tort et à travers dans la plaine. Cependant trois bourriques d'un esprit plus droit s'acheminent en trottinant paisiblement vers le but. Mais tout à coup, ennuyées des coups de bâton que les cavaliers leur administrent pour accélérer leur marche, elles s'arrêtent en jetant des braiements formidables. On a beau les frapper, elles ne remuent pas plus qu'une roche. Un Arabe, mieux avisé que les autres, triomphe de l'empêchement en chargeant l'âne sur son dos et en le portant jusqu'aux trophées, au milieu des huées et des rires des spectateurs. Ce trait d'esprit est couronné de succès. L'Arabe reçoit le prix, d'une modique importance, et l'âne se retire triomphalement à pied.

III.

Une multitude d'enfants arabes grouillent d'impatience dans un pêle-mêle où l'on ne distingue que deux nuances : celle de leur longue chemise, de leur blanche tunique et celle de leur calotte rouge. Ils sont du reste nu-pieds. La baguette du commissaire est à peine levée qu'ils courent en désordre, se culbutant, sautant les uns par-dessus les autres, pour arriver plus promptement. Chose bizarre, c'est le plus petit de la troupe qui met le premier le pied dans l'enceinte et remporte la victoire. Que sa mère n'est-elle là pour jouir de son succès ! Mais l'absurde coutume la retient esclave au *gourbi* (1).

Autant les enfants sont faits pour courir, autant les hommes paraissent ridicules dans cet exercice. C'est ce que nous prouvent des soldats, qui sont certes plus gracieux, quand ils chargent l'ennemi. La course à pied avec sac et fusil, exécutée par trente

(1) Hutte, demeure.

militaires, offre pourtant quelque intérêt. C'est un *zéphyr* (bataillon d'Afrique) qui l'emporte; mais le général, parfaitement instruit des mœurs rusées de ces soldats, ordonne de visiter le sac du vainqueur : on le trouve vide. Étonnez-vous de la légèreté du zéphyr ! Le général ne paraît pas enchanté de ce tour d'espiègle, et il donne le prix au coureur qui a suivi de plus près le zéphyr, à un voltigeur qui avait eu la bonhomie de remplir son sac, selon l'ordonnance.

IV.

Arrière les jeux d'enfants.... Ils sont terminés et la véritable fantasia commence. La fougue africaine se donne libre carrière. Deux cavaliers se détachent des tribus et traversent au galop le champ de course en faisant tournoyer au-dessus de leur tête leurs longs fusils, qu'ils jettent en l'air et qu'ils reçoivent dans la main droite, en habiles jongleurs. Puis, se dressant de toute leur hauteur sur leurs étriers, ils placent la crosse de leur arme sous leur aisselle et ajustent leur ennemi, pendant cinq ou dix minutes, avec une précision admirable, sans paraître le moins du monde gênés par la course furibonde de leurs chevaux, qui s'animent étrangement aux cris de leurs maitres et bondissent comme des gazelles.

Ces deux éclaireurs sont suivis de trois, de quatre, de huit, puis de dix autres. Enfin, des tribus entières s'ébranlent, tournoient comme une bombe dans la plaine en répétant l'exercice des premiers cavaliers et faisant retentir l'air de nombreuses détonations. Aussitôt les armes déchargées, les chevaux, rompus à ce manége, pivotent sur eux-mêmes et reviennent sur leurs pas avec la même rapidité pour recommencer une nouvelle charge guerrière.

Quelle rage anime ces Africains au visage sombre, au teint oxydé, aux yeux enflammés par la passion! Quelle sauvage fureur! Comme ils se précipitent sur l'ennemi, le yatagan d'une main, le fusil de l'autre! — comme ils manœuvrent à l'aise sur leurs chevaux rapides! La lutte les exalte. Ils chargent au milieu d'une ronde infernale, en jetant des cris aigus, assourdissants.

Les tribus roulent comme un tonnerre dans la plaine, où l'on ne voit plus que des tourbillons de fumée et de flammes, à travers lesquels flottent les blancs burnous. Pendant une heure, elles donnent ainsi le spectacle de leur ardeur belliqueuse sur ce vaste champ de bataille digne des Pyramides. Mais les Arabes n'ont pas l'organisation ni l'audace des mamelucks; ils ne cherchent pas même à entamer les bataillons français. Toute leur tactique consiste à charger avec fougue leur ennemi, à tirer avec adresse un coup de fusil et à s'enfuir aussi promptement qu'ils sont venus. C'est la manière scythe. Mais ils ne peuvent se mesurer sérieusement avec des troupes disciplinées à l'européenne. Aussi les engagements en Afrique ne sont-ils jamais que des escarmouches plus ou moins meurtrières pour les ennemis de la France.

V.

Cependant les coups de feu diminuent; la poudre distribuée pour la fantasia s'épuise. Alors une procession d'Arabes piétons, au nombre de cinq à six cents, traverse gravement le champ de course. Les uns portent au bout de pieux aiguisés aux extrémités des quartiers de mouton rôti, d'autres des agneaux entiers. Ceux-ci sont chargés d'écuelles de couscoussou, ceux-là de marmites en bois remplies d'une sauce épaisse autour desquelles dansent follement une troupe de nègres et d'Arabes en frappant à coups redoublés leurs tams-tams. Tous ces Africains, qui vont renouveler sur une grande échelle les noces de Gamache, se rendent au point central de la plaine, où les rejoindront tout à l'heure les tribus à cheval pour célébrer avec eux la fin du jeûne du ramadan.

L'agha de Maskara fait présenter par ses esclaves un mouton entier au général, qui en coupe un morceau et le partage avec son convive. Un agneau rôti, c'est le plus grand cadeau des Arabes, leur plus éclatant témoignage d'estime et d'amitié. Aussi faut-il bien se garder, à peine de devenir son ennemi mortel, de refuser cette singulière offre lorsqu'elle vous est présentée par un fils d'Ismaël.

Les détonations ont entièrement cessé. Alors les spahis et les chasseurs d'Afrique défilent au trot allongé devant le général et son état-major. Les chasseurs, la meilleure cavalerie française, sans contredit, se distinguent par leur tenue sévère et la précision mathématique de leurs mouvements. Pas une tête de cheval ne dépasse l'autre. Les rangs restent toujours de niveau, alignés au cordeau.

A leur tour, les tribus défilent au triple galop, toutes brides lâchées, toutes voiles dehors, en tirant leur dernier coup de feu C'est la mêlée la plus fougueuse, le chaos le plus épouvantable qu'on puisse imaginer : six mille Arabes chargeant à fond de train et se culbutant en hurlant comme des forcenés. Leur entraînement et leur joie sauvage tiennent du délire, et les longs éperons s'enfoncent dans les flancs ensanglantés des chevaux, qui soulèvent dans leur course désordonnée des flots de poussière, sous lesquels les spectateurs sont littéralement noyés. C'est une véritable apothéose de soleil, de sable et de poudre. Les curieux se retirent comme ils peuvent de ces nuages enflammés, très-satisfaits, même à ce prix, de connaître la fantasia arabe.

LA

FANTASIA NÈGRE

On s'est beaucoup occupé des nègres. Les uns les ont condamnés à l'infériorité morale de par la création, les ont dénigrés systématiquement; d'autres les ont vantés outre mesure. A notre avis, le seul moyen d'éclairer cette question encore pendante, consisterait à faire des études sérieuses sur la constitution physique et morale, sur les tendances et les affinités des divers autochthones de l'Afrique. On jetterait ainsi une grande lumière sur le problème; mais il faudrait peindre sur le vif de la nature. En attendant qu'un audacieux penseur exécute ce travail scientifique, nous donnerons un petit aperçu des mœurs de la race nègre, aussi capable, selon nous, d'évolutions progressives que les races blanche ou arabe-indo-européenne, brune ou malaisienne, rouge ou américaine.

C'est un peuple d'enfants, qui a tous les défauts et toutes les qualités de l'enfance. Il est sympathique, doux, enjoué, naïf; suivant toujours les impulsions de sa spontanéité, de son ardente imagination qui lui montre les choses lés plus simples à travers un prisme éblouissant, surnaturel; esclave de ses sens, s'assimilant aux animaux et ne songeant même pas à résister aux terribles ardeurs, aux folles passions que lui souffle son climat de feu, vivant enfin de la vie instinctive et non de la vie de réflexion et de raison.

Sans doute, pour qui ne veut pas se souvenir des siècles de barbarie traversés par toutes les nations européennes, et ne voit que le trajet fait, le progrès accompli, l'espèce nègre semble inapte à toute civilisation. Elle a d'étranges erreurs, des vices monstrueux. Sous ses tropiques, elle adore encore le palmier, le rocher, le grain de datte, le léopard, le serpent; elle se prosterne encore devant les ridicules fétiches de sa démence.

Sur la foi des voyageurs, nous aurions pu vous parler d'Abyssins dévorant avec avidité la chair de l'ennemi vaincu, d'Achantis de Guinée construisant des temples avec l'argile détrempée de sang humain; de rois beninois et ibbos qui, assis sur un trône de têtes de morts, rendent la justice en faisant décapiter les deux parties plaignantes; de fêtes où l'on voit un essaim de jeunes filles danser devant un énorme serpent encagé qui, pour couronner la réjouissance, est lâché sur la foule; de mille superstitions odieuses, de coutumes extravagantes. Mais, sans atténuer en rien la véracité de ces voyageurs, nous préférons vous raconter une scène de mœurs nègres dont nous avons été le témoin oculaire.

Les noirs dont il est question viennent de la Guinée, du cap de Bonne-Espérance, du Soudan, de Tombouktou. Jeunes, ils ont été vendus sur le marché de l'Égypte ou pris comme des oiseaux au filet par des Bédouins du désert, qui les attirent loin de leurs cases en leur jetant des coquillages, des amulettes, les enlèvent et les vendent a des trafiquants de chaire humaine dont les caravanes sillonnent le sud de l'Afrique. Aucun soin n'a été donné à leur enfance; à peine nés, ils ont rampé sur la terre, qui leur a servi de nourrice, de lit et d'escabeau. Et malgré tout, ils sont devenus des êtres robustes, gazelles à la course, taureaux au travail. N'ayant reçu d'autre éducation que celle de la nature, méprisés, maltraités, ils n'en sont pas moins reconnaissants et dévoués jusqu'à la mort à leurs maîtres, tendant la joue gauche quand on frappe sur la droite, rendant le bien pour le mal, vrais caniches de l'humanité.

Qui ne se sentirait ému de tant de courage et de résignation? qui ne se réjouirait de leur joie, les voyant danser et s'ébattre follement aux bruyantes notes de leurs castagnettes de cuivre et de leurs tambourins?

Cette facile gaîté, sans cause précise, est particulière à la race nègre, et la différencie surtout de la race arabe, toujours austère et sombre, renfermant en elle-même ses impressions, et considérant la joie bruyante comme un enfantillage indigne d'êtres sérieux, de disciples de Mahomet. Par exemple, il n'est pas rare parmi les Arabes d'entendre ainsi faire l'éloge d'un des leurs : « Il n'a jamais ri ! » tandis que si vous rencontrez un nègre sur votre route, à la première parole que vous lui adresserez, il vous montrera ses blanches dents et sourira à vos discours, sans les comprendre le plus souvent.

Dans les heures perdues de notre séjour parmi eux, nous avons eu maintes fois l'occasion de constater le naturel débonnaire des nègres. Lorsque, assis sur une pierre de la fontaine Bab-Aly, nous interpellions les indigènes qui venaient puiser l'eau dans leurs petits chaudrons et en gonfler leur peau de bouc, les sectateurs d'Abd-el-Kader et leurs moukères nous répondaient presque toujours par un regard ironique ou par deux syllabes sèches : *manarf* (je ne sais pas). Mais de jeunes négresses au torse superbement modelé, à peine vêtues d'un morceau de toile à larges raies brunes et rouges, serré aux hanches par une ceinture de laine, les pieds dans l'eau de la source jusqu'à la cheville, cessaient immédiatement leur travail et semblaient heureuses d'entrer en relation avec nous. Il en était de même de leur père ou de leur époux. La plupart d'entre eux nous exprimaient, dans leur langage oriental et concis, leur satisfaction de voir les Français maitres de cette partie de l'Afrique. En effet, c'est depuis notre conquête seulement que les nègres ont été relevés de l'esclavage que leur imposaient les Arabes.

Cette race asiatique, orgueilleuse de sa conquête et de la révélation de son prophète, placide, austère, décalquée sur une pensée d'éternité, contraste singulièrement avec le tempérament vif et mobile, le sentiment humble et idolâtre du nègre, véritable autochthone de l'Afrique. L'assimilation était impossible entre des natures hostiles à ce point que l'Arabe croirait déchoir en s'alliant à une femme de couleur. Quelques oasis perdues dans le Sahara offrent seulement des exemples de ces unions réprouvées par la généralité des croyants. Les Arabes ont toujours maintenu une démarcation absolue entre eux et les peuplades vaincues auxquelles ils se sont contentés d'imposer l'esclavage et le Koran. On comprend pourquoi les noirs regardent en quelque sorte la conquête française comme une délivrance, tandis que les Arabes l'acceptent si difficilement. Les nègres ont une prédilection très-prononcée pour nous. Dans les contrées de l'Afrique limitrophes à la domination française, les nègres maltraités menacent leurs maîtres de passer aux *roumis* (chrétiens). On sait qu'ils sont libres en Algérie.

Avec cette nature expansive, cette ardeur à communiquer leurs sentiments, à échangér leurs pensées, leurs sensations, comment croire à l'injuste malédiction lancée sur les noirs, à leur infériorité originelle, à leur crétinisme incurable! C'est impossible. Comme leurs frères d'Europe, ils sont perfectibles et capables de se transformer sous l'influence du progrès et de la science.

Mais revenons.

La gent nègre est en grande liesse; elle se livre à toutes les extravagances de la fantasia pour fêter dignement son nouveau marabout (prêtre). C'est un *maboul* (fou); aussi est-il vénéré comme un santon.

En Occident, on se prosterne devant la raison; en Orient, on adore la folie. Les fous sont les possédés de Dieu, dit-on; un esprit supérieur s'est incarné en eux. Ils ne s'appartiennent plus, ils sont l'instrument et le jouet du djinn. De sorte qu'un fou, dans ces contrées, peut se permettre impunément toutes les excentricités. Il est admis sous les tentes les plus riches, le couvert est constamment mis pour lui; ses coreligionnaires s'estiment trop heureux d'héberger et de secourir l'esprit divin égaré sous cette forme humaine.

Les nègres à cet égard jouissent des mêmes priviléges que les Arabes. J'ai connu plusieurs mabouls dans la province d'Oran, tous très-inoffensifs. L'un d'eux avait la monomanie des déguisements. Un jour il apparaissait sous le costume arabe, le lendemain il vêtait le paletot français, le surlendemain on le voyait en spahis ou en zouave, en juif ou en américain. — Tel autre, véritable hercule, — avait la passion de décharger les voitures des rouliers et de porter de lourds fardeaux. — Celui-ci, du matin au soir et du soir au matin, salue le levant, embrasse alternativement la terre, ou pirouette sur lui-même comme un derviche; celui-là prie pour son émir Abd-el-Kader; un autre joue du monocorde, du derboukah, du rebab, et danse à la porte des malades indigènes, sous prétexte de les guérir, — superstition très-répandue en Afrique. Il n'y a pas de mabouls dangereux. On ne peut donc les comparer, en aucune manière, à nos fous d'Occident. Ceux-ci héritent des vices d'une civilisation complexe où les sentiments les plus mobiles, comme les passions les plus hideuses, sont perpétuellement en jeu. Mais, dans l'état patriarcal et religieux de l'Afrique, où trouver l'envie, la vanité, l'ambition, ces dépravations du scepticisme, ces énervements qui étiolent et démoralisent les races occidentales? Une tente, un cheval et une femme, c'est l'idéal du bonheur. Il ne reste après cela que les jouissances paradisiaques promises par le prophète à toutes les âmes dévotes.

Dès l'aube, la ville est pleine de tumulte, de bruit et de poussière. De nombreux musiciens jouant du monocorde, des castagnettes et des cymbales, battant du tambour à tour de bras, la sillonnent en tous sens de leurs gammes stridentes et monotones. Les Européens, qui aperçoivent de loin le drapeau nègre représenté par un foulard jaune, frangé d'une bordure verte, vont curieusement au-devant du cortége dans les rues de Maskara.

Une nuée de nègres et de négresses, vêtus de leurs draperies les plus éclatantes, accompagnent en vociférant et en sautant convulsivement, comme des insensés, trois animaux qui marchent au supplice la tête basse et le pressentiment éveillé. Ils vont être sacrifiés à la nature, au soleil, et leurs entrailles palpitantes, présages des influences climatériques et des futures récoltes, diront si la terre fécondée rendra en abondance les germes qui ont été déposés dans son sein.

L'or, les perles, l'ambre, le corail, les coquillages

peints resplendissent sur la peau bronzée de cette population. Plus coquettes que les blanches Européennes, les filles de Nigritie ont accroché plusieurs cercles d'or, de cuivre et de plomb, de huit à dix centimètres de diamètre, à leurs larges oreilles; de riches colliers s'entortillent en serpent autour de leur cou; leurs poignets sont ornés de bracelets d'ambre et d'or; des anneaux d'argent massif appelés krolkhrall cerclent leurs jambes et tombent sur leurs babouches.

Pour la fantasia nègre, rien n'est trop beau. Elles ont vêtu le blanc gandourah, lamé d'or; elles ont drapé le haïck de mousseline, brodé de palmes; et enfin le voile à fleurs, qui cache presque entièrement les soieries multicolores enroulant leur tête ou dessinant leur taille. La joie dilate leurs noires prunelles. Brillantes comme le soleil qui verse sur elles ses flammes, elles dansent follement autour des victimes.

Deux nègres tiennent chacun par une corne un superbe taureau. Sa robe noire, coupée d'une ligne fauve qui suit l'épine dorsale dans la longueur, l'a fait choisir entre ses concurrents. Il est suivi d'un bélier, aux cornes frisées en volute, et un bouc noir, aussi barbu que Platon le philosophe, ferme le convoi funèbre. Ces animaux ne comprennent pas trop pourquoi tant de noirs démons se trémoussent autour d'eux; ils se défient de cette fête bruyante; ils s'avancent très-inquiets, regrettant fort l'étable, au milieu des flots d'encens, des aspersions et des jonchées de sel que les sacrificateurs leur prodiguent.

La danse du yatagan (P. 158.).

La troupe fait halte devant une mosquée pour rendre hommage à Mohammed, car les nègres d'Afrique sont *meslems* (musulmans); seulement ils ont conservé certaines coutumes idolâtres, telles que le sacrifice des animaux, antiques traditions que ni le temps, ni la religion nouvelle n'ont pu entièrement effacer.

La procession nègre fait irruption dans la cour de la mosquée et s'arrête respectueusement à la porte du temple. Le maboul, le marabout nègre, présente les animaux contrits à l'iman, qui, accroupi sur le seuil dans une posture de sphinx, les purifie par ces versets du Koran :

Parmi les animaux, les uns sont faits pour porter des fardeaux, les autres pour être égorgés. Nourrissez-vous de ce que Dieu vous a accordé et ne suivez pas les traces de Satan, car il est votre ennemi déclaré !

Allah kébir ! Allah kébir ! (Dieu est grand !) répètent en chœur les nègres.

La vie de ce monde, reprend l'iman, n'est qu'une comédie et une frivolité ; la vie future vaut mieux pour ceux qui craignent.

Allah kébir ! Allah kébir !

Ces formules dites et redites, un dialogue chanté s'engage entre l'iman et le maboul, et les assistants, comme un chœur de Sophocle ou d'Euripide, approuvent les interlocuteurs en chantant de minute en minute, c'est-à-dire en enflant la voix et en la diminuant brusquement, ce refrain de la foi musulmane :

— *La ilah Allah, Mohammed ou recoul Allah.* (Il n'y a de Dieu que Dieu, et Mahomet est le prophète de Dieu).

Après la prière, la danse du yatagan en honneur du prophète, car l'islamisme mêle sans cesse le sacré au profane; la foule s'écarte, et deux jeunes Arabes, aux vêtements éclatants, paraissent devant l'iman.

De la main gauche ils tiennent un foulard à franges d'or, de la droite un yatagan. Ils dansent en mesure aux sons de la musique nègre, s'avancent par mouvements saccadés l'un vers l'autre, en se menaçant de leurs armes, puis font tourner alternativement au-dessus de leur tête le mouchoir et le yatagan : cercles mystiques, signes de l'hymen et de la mort qui doit punir de l'infidélité féminine.

Les armes et les foulards se croisent, se séparent, dessinent en l'air une foule d'arabesques. L'iman incline la tête pour témoigner sa satisfaction et mettre un terme à la fureur des danses; les négresses jettent des *sgarits* (cris perçants), et les danseurs, après un quart-d'heure de désarticulation à rompre un serpent, se séparent et se confondent dans la foule. Les tambours battent; la caravane poursuit sa route, l'oriflamme de la patrie en tête.

Les nègres sortent de Maskara, traversent Bab-Aly, et s'arrêtent à une source qui coule en deçà du village arabe. C'est le théâtre de la cérémonie.

Rien de plus imposant que cet autel de la nature. Le regard se perd partout, au nord et au sud, du côté de la mer et du désert, au milieu d'une immensité de montagnes phosphorescentes figurant de gigantesques pyramides, des sphinx, des échelles de pierre, et ondulant à l'horizon comme les vagues d'un océan. Au-dessous des cases enfumées du village de Bab-Aly, Maskara, entourée de son collier de verdure, apparaît avec ses blanches et coquettes maisons sur un petit mamelon. Une lumière opale, versée par un soleil perpendiculaire, enflamme tous les tons et frappe d'éclairs les bijoux des négresses. L'âme, émerveillée de ce spectacle grandiose, confond sa prière avec celle de l'harmonieuse source dont les eaux pures comme le cristal, vont tout-à-l'heure se teindre de sang.

Les négresses s'échelonnent sur une montagne qui domine en amphithéâtre la fontaine; les plus riches occupent le premier rang, les plus pauvres le dernier. Parmi celles-ci, plusieurs sont chargées de leurs enfants, qui dorment paisiblement sur leur dos, dans une sorte de berceau de toile.

Quant aux nègres, ils forment un cercle de trois rangs de profondeur, et placent, de distance en distance, des sentinelles chargées de tenir hors de portée les Arabes ou les *roumis* (chrétiens) qui voudraient assister à la cérémonie. Néanmoins un *thaleb* (écrivain français) obtint l'insigne faveur de faire partie de la réunion, sous la condition qu'il se déchaussera et s'y montrera nu-pieds. Le thaleb se déchausse avec empressement de ses bottes et de ses bas devant un nègre à l'air narquois, qui l'introduit parmi les siens.

Les vases contenant l'encens, les parfums, les calebasses pleines de sel, les couteaux, tous les ustensiles du sacrifice, sont déposés sur les roches granitiques, détachées de la montagne par un tremblement de terre, et amenées jusqu'à l'orifice de la source.

Alors commence une invocation religieuse que les nègres exécutent en se tournant vers l'Orient et en élevant par intervalles les deux mains à la hauteur des tempes. Ce préliminaire achevé, la musique couvre de ses accents cuivrés les cris, les bêlements des victimes, qui sont encensées, parfumées et lavées avec des précautions infinies.

Déjà les poulets blancs et noirs ont été immolés; le sacrificateur tient le bouc couché sur son genou, et il s'arme d'un coutelas. Les artistes et les danseurs s'animent étrangement : ils frappent à coups précipités leurs tambours; ils font retentir leurs cymbales. Ces notes métalliques, augmentant d'intensité, exaltent le cerveau des prêtres et des prêtresses qui suivent les opérations du sacrificateur. Ce sont des fous, des malades. Selon la ferme croyance des noirs, ils ne peuvent être guéris qu'en buvant le sang des victimes. Ils exécutent une danse extravagante; leurs yeux roulent avec une vitesse effrayante dans leur orbite, leurs lèvres grimacent la joie de l'hyène. Il faut du sang! C'est le rédempteur universel!

Le couteau est enfoncé dans la gorge du bouc. A peine en est-il retiré qu'un nègre *maboul* se jette sur l'animal, s'attache à sa plaie comme une sangsue,

Un nègre maboul se jette sur l'animal et s'attache à sa plaie comme une sangsue (P. 160.)

et boit à longs traits les flots de sang qui s'en échappent. Pendant que le bouc et l'homme se débattent dans le ruisseau rouge, le sacrificateur, penché sur le corps de la victime, étudie ses palpitations, la fraîcheur ou l'impureté de son haleine, les trépidations de ses membres pour en tirer augure. Si l'augure est déclaré favorable, les noirs ne se contiennent plus; ils se tordent les membres; les femmes répondent à ces bruyantes manifestations par des cris aigus, et le prêtre du sang, après avoir épuisé les forces du bouc, se relève ivre, se tient debout un instant, puis tombe comme foudroyé. On l'enlève et on le transporte sur un amas de cailloux. Ses amis l'abandonnent là, laissant au soleil, qui darde des rayons brûlants, le soin de le guérir homœopathiquement de son apoplexie.

Nous arrivons à la seconde phase de la tragédie. Le bélier, parfumé et lavé, subit le même sort, et dans les mêmes conditions que le bouc. Le prêtre, qui suce sa plaie jusqu'à épuisement, reste ivre-mort sur une des pierres de la fontaine. Les nègres l'entourent, récitent une prière dictée par leur marabout, chant monotone et cadencé, en élevant et en abaissant toujours les mains en mesure; puis, voyant qu'il ne revient pas à la vie, ils l'abandonnent et se préparent, au son du tam-tam et par des danses furibondes, au dernier sacrifice.

Évidemment l'on touche à la péripétie, car les acteurs de cette scène de cannibales redoublent de fureur. Le tour du taureau est venu. Il résiste et ne peut être terrassé que par des bras vigoureux.

A ce moment s'avance sur le théâtre de l'exécution une négresse jeune et belle, aux formes charnues, aux extrémités fines, à peine vêtue d'un gandourah. Elle danse à se briser le corps, et s'anime extraordinairement, le regard toujours fixé sur la victime. Son visage bouleversé traduit une horrible expression de férocité; elle se lèche les lèvres avec la langue, comme un tigre qui va bondir sur sa proie.

En effet, elle se précipite furieuse sur le taureau égorgé par le marabout. Elle aspire voluptueusement le sang qui sort en bouillonnant de sa blessure. Mais, ô surprise! il se relève, il marche!... Présage des plus heureux... La négresse est suspendue sous l'animal, la bouche toujours collée à sa plaie, les mains accrochées à ses cornes. Un duel horrible s'engage entre la prêtresse et le taureau, qui se débat vainement sous l'étreinte de ce vampire femelle. Vaincu dans la lutte, il tombe épuisé et roule dans le ruisseau en mugissant sourdement.

La prêtresse se dresse triomphante, les vêtements, le visage, les mains, le corps entier, maculés de sang. La musique célèbre sa victoire, les femmes applaudissent de leurs cris sauvages; hideux spectacle, qui n'est plus de l'humanité, la sanglante bacchante, en délire, se livre à une danse incroyablement folle pour qui n'en a pas été témoin. Les nègres dansent avec elle et imitent tous ses mouvements. Voir les contorsions et les grimaces de ces étranges créatures, leur joie féroce, leurs danses furibondes, leurs gestes extravagants, l'expression bestiale de leur physionomie, c'est avoir vu l'enfer.

Enfin la sarabande diabolique cesse; la prêtresse du sang, exténuée par le tourbillonnement, s'abat comme un cadavre sur une pierre de la fontaine. On l'emporte en triomphe jusqu'à sa case de Bab-Aly, devant laquelle se donne le bal du sacrifice, présidé par le nouveau marabout. Les trois victimes, le bouc, le bélier, le taureau, sont dépouillées, dépecées en autant de morceaux que de convives. Le festin se prépare. En attendant qu'il soit prêt, les musiciens appellent à la danse, en frappant sur le tam-tam et sur des calebasses couvertes d'une peau légère.

Aussitôt le rond est formé. Deux nègres ouvrent le bal; ils se démènent, en simulant par des figures expressives leurs peines et leurs joies, leurs travaux et leurs amours, jusqu'à ce qu'ils tombent en épilepsie.

Deux jeunes négresses, coiffées par leurs compagnes du mouchoir de prédilection, leur succèdent. Elles sautent alternativement d'un pied sur l'autre, en marquant une mesure de trois temps. Leurs gestes, d'abord rares, deviennent très-expressifs; les musiciens s'enthousiasment; ils chantent en jouant et en agitant la tête comme les Chinois de porcelaine; ils encouragent ainsi les danseuses qui, d'ailleurs, applaudies par l'assistance frappant des mains en cadence, redoublent de vigueur et d'entrain. Elles prennent alors un nerf de bœuf et sillonnent de coups leurs flancs et leurs reins, puis le jettent loin d'elles pour exprimer des sensations plus agréables. Leur pas suit toujours la musique : si elle hâte la mesure, leurs mouvements, d'une incroyable vivacité, révèlent une vive passion. Elles impriment à leur corps une trépidation indicible. Une danseuse tombe mourante, hors d'haleine, et l'autre la suit un instant après.

Le même exercice est répété par d'autres négresses dont les poses, les figures et les attitudes ne seraient assurément pas tolérées par les sergents de ville du Château-Rouge ou de la Closerie des Lilas.

Enfin, un noir vient faire un signe cabalistique à l'assistance. Les musiciens jettent au diable leurs instruments, et la foule se précipite sur les morceaux de viande à peine effleurés par le feu.

— Bon appétit, noirs enfants de l'Afrique !.... Qu'Allah vous pardonne vos sanglantes folies !....

QUATRIÈME PARTIE

L'ALGÉRIE ROMAINE

J'ai parcouru les trois provinces de l'Algérie, le Tell et le Sahara. Mais ce ne sont ni les oasis, ni les horizons infinis du désert, ni les majestueuses chaînes de montagnes de l'Atlas, ni les exubérances et les jeux de lumière d'une nature enivrée de soleil qui m'ont le plus vivement impressionné, ce sont des aqueducs, des tombeaux, des portiques, des temples païens, des arcs-de-triomphe en ruines. Qui ne serait attendri au souvenir des sombres métamorphoses, de la destinée tourmentée des villes romaines de l'Afrique? Les premiers chrétiens, dans leur haine du génie païen, commencèrent l'œuvre de destruction que les Vandales et les Arabes consommèrent. Cependant, les cadavres profanés des géants de l'antiquité n'étaient pas entièrement méconnaissables. La moitié d'un arceau était restée en équilibre sur le pan d'une muraille, un chapiteau à la feuille d'acanthe n'avait été qu'écorné; un fût supportait la première pierre d'un arc-de-triomphe sous lequel avaient passé victorieuses les légions romaines;

les inscriptions du lapicide se lisaient facilement sur les tombeaux en marbre; grâce à l'indestructible ciment romain, les murs d'un temple dédié à Vénus étaient encore debouts; statues de divinités païennes et de proconsuls dormaient paisibles sur l'herbe, lorsqu'en 1831 le génie de l'utilitarisme, plus destructif que les fureurs du chrétien primitif, du Vandale et de l'Arabe, prit ces pierres, ces grands souvenirs lapidaires de l'héroïsme et de la beauté antiques, et les employa à l'édification de casernes, d'églises, de villages; de sorte qu'on bat le tambour dans un prétorium, on fait la cuisine devant la statue coupée en pierre de taille du Jupiter olympien, on dit la prière dans le temple de Diane victorieuse. C'est ainsi que disparaissent les grandes choses de ce monde : le marteau et le carnage d'abord, l'indifférence, la profanation et l'oubli ensuite.

L'ancienne Rome n'a pourtant pas disparu en entier du sol africain, qu'elle avait couvert de ses établissements, de ses routes, de ses aqueducs, de ses palais de marbre, de ses monuments, devant lesquels nos villages algériens à la Potemkin font la plus piteuse figure. Rome ne savait pas s'élever ici et s'abaisser là. Aussi belle, aussi riche, aussi forte, aussi grande en Afrique que sur ses sept collines, partout où elle posait le pied elle laissait l'ineffaçable empreinte de son génie guerrier et colonisateur.

Avec quel bonheur on retrouve, au milieu des ruines des villes romaines, devant ces chefs-d'œuvre mutilés de l'art antique, l'harmonie, le grandiose, la lumière, la simplicité du plan, la netteté de la pensée, le divin enthousiasme de la nature, le sentiment de la véritable force et de la vraie beauté, après avoir parcouru nos villes algériennes, malpropres, mal bâties, mêlant les arcades surbaissées, les trèfles à l'emporte-pièce, les ornementations surchargées des maisons mauresques à l'architecture moderne, roulant dans leurs ruelles obscures une foule confuse de chrétiens inquiets et songeurs, de juifs dissimulés, de musulmans abrutis, juxtaposant des races ennemies sans rapprocher leurs cœurs et leurs intelligences, confondant dans le plus triste chaos tous les fanatismes et tous les scepticismes, toutes les corruptions et toutes les guenilles, toutes les laideurs de l'Orient et de l'Occident.

C'est en sortant de ce noir Phlégéton, de ce heurt homérique de toutes les croyances, de cette Babel criarde de physionomies et de costumes multiples, que l'on revoit avec des cris d'enthousiasme l'antiquité logique, forte et radieuse, élégante et simple, que l'on est tenté de prosterner son front dans la poussière des ruines romaines. Là, vibre la lumière, règne la sérénité, s'assied la paix, cette précieuse paix du cœur et de l'esprit vainement cherchée au moyen âge par Dante, fuyant sa patrie avilie, et montant le dur escalier de l'étranger.

Rome ancienne apparaît plus majestueuse au milieu des solitudes pensives de l'Afrique, au fond de ses ravins et sur ses hauts plateaux, que sur le Tibre ou sur les ruines de la Voie Sacrée. Les sites sauvages, le ciel ardent, les aspects énergiques encadrent et traduisent merveilleusement le génie fier, l'héroïsme systématique, la haute stature et la pensée vaste du monde romain. Ce n'est pas en Italie qu'il faut aller interroger la sibylle antique, c'est en Afrique.

A chaque pas se lèvent sous les pieds du voyageur les souvenirs des luttes herculéennes de l'antiquité; les armées frémissantes se heurtent les unes contre les autres dans les immenses solitudes, les montagnes enchevêtrées, les gorges profondes du cirque africain que la nature semble avoir formées pour que l'humanité s'égorge à l'aise.

Scipion, Marius, Sylla, César, Théodore, conduisent les armées romaines contre Siphax, Annibal, Jugurtha, Tacfarinas, Maures et Numides subissent le joug de Rome. Mais un ouragan dévastateur confond dans les ruines qu'il sème sur son passage hommes et villes, conquérants et conquis. Les horribles Vandales, vêtus de la casaque de buffle, traînant après eux sur de grossiers chariots leurs familles, renversent les Romains sur les Numides, les chrétiens sur les païens, jusqu'à ce que l'épée victorieuse de Bélisaire les arrête. Une horde asiatique met fin à la domination romaine en Afrique : ce sont les Arabes, qui, après avoir terrassé Rome, s'emparent de toute l'Afrique, relient en un seul faisceau Berbères, Maures et Numides, en leur donnant l'évangile de la bataille et le paradis des guerriers : le Koran! en leur faisant crier : Malheur aux infidèles! synonyme de : Malheur aux vaincus! Puis ils les entraînent avec eux, par le détroit de Gilbraltar, contre l'Espagne et contre la France chrétiennes. Charles-Martel et le Cid ébrèchent le brillant cimeterre de Mahomet. Les Arabes vaincus, reviennent en Afrique, où les suivent de près les Espagnols, commandés par le belliqueux cardinal Ximenès. Ils s'installent à Oran et dans les villes du littoral, jusqu'à ce que les Turcs, unis aux Maures, leur fassent regagner l'Espagne le yatagan aux reins. Maîtres absolus de leur pays, les Africains le transforment en nids de pirates. Ces Maures, si chevaleresques autrefois, qui avaient conquis l'Espagne et avaient entrepris de conquérir la France, guettaient la proie chrétienne au passage de la Méditerranée, transformée en coupe-gorge. Mais, en 1830, la France rendit la Méditerranée navigable en s'emparant définitivement de l'indomptable Africa.

Toutes ces phases historiques ont leurs témoins irrécusables dans leurs ruines éparses de nos provinces algériennes. A défaut de ruines, les principaux événements de l'Afrique seraient d'ailleurs attestés par les indigènes eux-mêmes.

Un grand nombre d'Arabes et de Kabyles se glorifient de descendre des Romains. Les tribus kabyles surtout, qui sont, en effet, composées des débris des anciens conquérants de l'Afrique, montrent une fière émulation à établir leur filiation romaine.

En Kabylie, à la frontière du Maroc ou dans l'ancienne Numidie, le touriste est assez étonné d'entendre raconter les faits relatifs à l'occupation romaine, les combats livrés aux Andalous (Espagnols), que la tradition, suppléant à l'histoire, a transmis de père en fils.

Pendant les deux années 1852 à 1854, que j'ai passées dans la province d'Oran, j'ai recueilli de la bouche des marabouts maures les récits des combats vraiments titaniques livrés durant deux siècles par leurs coreligionnaires aux Espagnols. De 1509, année où le valeureux prélat Ximenès s'empara d'Oran, jusqu'en 1790, époque à laquelle un tremblement de terre renversa cette ville et livra les Espagnols presque à la merci des Maures, l'histoire n'enregistre qu'un choc continuel de musulmans et de catholiques, une série de massacres, une frénésie de batailles à épouvanter l'imagination. L'Iliade et les tueries de Salvator Rosa sont des idylles comparées à ces luttes implacables, qui dureraient encore, si la nature elle-même n'était venue congédier les Espagnols de la province d'Oran en renversant leur Gibraltar, leurs maisons, leurs forteresses, la casbah, l'imprenable château de Vera-Cruz, placé au point culminant d'une abrupte montagne à l'entrée d'Oran. Le jour où, friand de ruines, je fis cette ascension pour visiter les murailles démantelées du Château de Vera-Cruz, je trouvai accroupi sur des débris un vieil Espagnol qui avait échappé au tremblement de terre de la nuit du 8 au 9 octobre 1790; sur ma prière, il me narra cette catastrophe avec une physionomie effrayée et une pantomime dramatique dont le souvenir me frappe encore. Au milieu des décombres faits par le tremblement de terre, il se livra une horrible bataille entre les Maures, accourus comme des vautours prêts à se jeter sur des cadavres, et les Espagnols qui, restés victorieux, purent se retirer, l'honneur sauf, après avoir signé un traité de départ avec leurs ennemis.

Romains, Maures, Espagnols, Turcs, ont tour à tour dominé la province d'Oran et y ont laissé la trace de leur sanglants débats. C'est à Tlemcen et dans ses environs que se voient les plus belles ruines romaines de la province d'Oran. Les Romains n'avaient guère dépassé notre limite actuelle d'occupation; leur domination s'étendait à peine jusqu'au pays occupé aujourd'hui par les Beni-Snassen du Maroc.

A vingt lieues d'Oran, la ville de Maskara, la cité d'Abd-el-Kader, offre de nombreuses ruines de palais, de mosquées, de maisons mauresques. On voit, à la seule inspection de tant de décombres, que le Jugurtha ou plutôt le Tacfarinas moderne a livré, sur ce terrain, le dernier combat de l'indépendance africaine contre la France, héritière de Rome dans ces contrées.

Une singulière croyance des indigènes veut que les ruines et les tombeaux contiennent des trésors mystérieux dont les clés ou les mots magiques nécessaires pour ouvrir ces cassettes auraient été perdues depuis les Romains. Ainsi, suivant les Arabes, les mausolées des rois maures et numides, que l'archéologie africaine compte au nombre de ses plus anciens monuments, cachent d'immenses richesses.

A quelque distance d'Alger, près des ruines de Tipaza, cette importante ville phénicienne occupée par les Romains et détruite par les Vandales, qui était située dans une magnifique baie formée par un hardi cap et les montagnes du Chenoua, se trouve le *kobeur roumia* (tombeau de la chrétienne). Ce monolithe, d'un aspect grandiose, qui a servi de sépulture commune aux rois de Mauritanie, est formé d'un énorme amas de pierres taillées, et flanqué de colonnes d'ordre ionique. Il date du roi Juba II, qui civilisa les Maures, soumit les Gétules, et fut l'ami constant du peuple romain. Sa tête en marbre, diadêmée, découverte en 1856, au milieu des décombres de l'opulente Julia Cœsarea, qu'il avait fondée, a été déposée au musée de Cherchell, où l'on a réuni la statuaire antique trouvée dans cette contrée fertile en ruines romaines. J'y ai vu mille fragments de chefs-d'œuvre : Vénus sans jambes, empereurs et proconsuls sans têtes, bas-reliefs fendus, chapiteaux brisés, divinités sculptées et médaillées si nombreuses, qu'à l'exemple de Varrus, j'aurais volontiers accusé les Romains d'avoir trente-sept mille dieux. On sort le cœur un peu serré de ces hypogées de dieux morts, de ces morgues de grands personnages rouillés et écornés, qui ont « subi des ans l'irréparable outrage. »

A Césarée naquit Macrinus, qui assassina Caracalla et se proclama sans façon empereur à sa place.

L'antique et belle Césarée de Mauritanie entoure la Cherchell française de ses aqueducs, de ses temples renversés, de ses pierres tumulaires couvertes d'inscriptions; près du port se voient les anciens bains romains, et sur le bord de la mer les restes d'un temple attribué à Amphitrite. Sans respect pour la fille de l'Océan et de Thétis, la Méditerranée a lavé de ses flots les inscriptions du temple et réduit les archéologues aux hypothèses.

L'Algérie romaine ne se trouve qu'à l'état imparfait, morcelé, dans les provinces d'Alger et d'Oran; mais elle surgit tout armée dans la province de Constantine, l'ancienne Numidie, où le peuple-roi avait dû s'installer complétement, relier les villes entre elles, construire de nombreuses et larges voies, pour déjouer les insurrections réitérées des Numides de Jugurtha et de Tacfarinas. Je parle plus loin d'Anouna, la mystérieuse cité à moitié debout encore, qui reliait Hippo-Regius (Bône) à Cirta (Constantine), et dont l'histoire ne nous a pas même laissé le véritable nom. Tebessa, l'ancienne Tebeste, sur la frontière de Tunisie, s'est conservée presque entière avec ses aqueducs, son élégant arc-de-triomphe de Caracalla, son admirable temple de Minerve au portique élancé, qui fut consacré au culte catholique, en 1856, par M. le grand-vicaire Pavy, aujourd'hui évêque d'Alger. Le grand-vicaire avait alors pour escorte des turcos (Arabes engagés au service de la France), qui assistèrent bravement à la cérémonie de consécration catholique du temple de Minerve. Du reste, chaque année, les Arabes dignitaires, aghas, caïds, cadis, accompagnent les fonctionnaires français à la messe commémorative de la prise d'Alger. Les sectaires de Mahomet ont aussi leur casuistique. Un agha à qui je témoignais mon étonnement du croc-en-jambe qu'il allait donner au Koran pour garder sa place, d'un rapport de dix mille francs environ, me répondit :

— Bah ! c'est une messe militaire !

On voit, par le trait de ce Henri IV carthaginois que, dans tous les pays, l'homme, incomparable escamoteur, sait faire adroitement plier ses opinions à la nécessité de bien vivre, à la douce violence d'accepter des dignités grassement rétribuées.

Les Arabes de Tebessa se sont servis des matériaux des ruines pour construire leurs gourbis. Rien n'est plus étrange, au premier abord, que ces deux civilisations confondues, que cette cité romaine transformée en maisons mauresques, en marabouts, en mosquées.

Les ruines, en Afrique, offrent souvent le rapprochement bizarre, la fraternité dans la mort, des débris de temples païens, de basiliques chrétiennes et de mosquées. Tebessa n'a de rivale dans la province de Constantine que l'ancienne Lambèse, dont on voit le prétorium, le portique du temple d'Esculape, les arcades de Septime-Sévère, de l'empereur Commode, et d'autres ruines avec lesquelles on reconstruit facilement en imagination l'ancienne ville où Rome envoyait ses détenus politiques, en quoi notre temps l'a imitée. A quelque distance de Lambessa, on trouve un monument à peu près semblable au Tombeau de la Chrétienne de la province d'Alger, c'est le Medracen, qui, selon les probabilités, recouvrirait la dépouille des rois de Numidie, dont le siége était à Cirta (Constantine).

Puisque nous en sommes aux monuments funéraires, relatons ici qu'un savant archéologue, après avoir découvert à Khemissa une croix unie au croissant sur un tombeau païen, a établi que la croix n'est pas un signe exclusivement chrétien. En effet, au croissant, symbole d'Hécate, la déesse infernale adorée à Carthage, qui surmonte les sépultures païennes, carthaginoises et romaines de l'Afrique, se joint sur quelques tombeaux la croix ansée à la main des dieux de l'Égypte, exprimant dans le vieil Orient une idée de la vie future.

Notre province de Constantine, l'ancienne Numidie, n'est pas seulement intéressante par sa belle et puissante nature, par ses ruines architecturales, par ses œuvres d'art antique, par les monuments historiques dont elle est couverte, mais encore par les grandes luttes dont elle fut le théâtre. Tour à tour elle a vu la première invasion des Arabes, celle des Vandales, égorgeant les chrétiens dans les cavernes, dans les grottes de saints sculptées de croix; les débats sanglants des premiers hérétiques, donatistes et autres, et des catholiques commandés par saint Augustin; elle a tressailli sous le pied d'un Scipion, d'un Bélisaire, d'un Jugurtha, d'un Annibal; enfin, chez elle s'est accompli le dernier épisode du grand duel de Rome et de Carthage. Ce Waterloo de l'antiquité, que les historiens indiquent vaguement sous la dénomination de bataille de Zama, a été fixé par le commandant supérieur de Souk-Arras, petite ville de notre colonie algérienne, élevée sur les ruines de Thagaste, où est né saint Augustin, et aux environs de laquelle s'est livrée la bataille de Zama.

Le commandant supérieur de Souk-Arras a trouvé des preuves matérielles des ruines : les puits qu'Annibal avait fait creuser pour étancher la soif de son armée; il a reconnu en outre que Ksar-Jabeur était bien l'emplacement de Naraggara, campement de l'armée romaine. Après avoir dépassé Thagaste et envahi la vallée de la Medjerda, Scipion, grâce à la cavalerie numide de Massinissa, se porta promptement sur Naraggara (Jabeur). Par ce mouvement stratégique fort habile, il coupa Annibal, qui avait déjà quitté Zama pour marcher vers la Numidie de Siphax, son allié, et il le mit dans l'alternative de livrer bataille ou d'opérer une retraite à travers de vastes plaines dépourvues de sources, dans lesquelles la cavalerie romaine aurait facilement écrasé l'armée carthaginoise. Annibal accepta le combat, et, malgré ses admirables dispositions, fut complétement vaincu, comme on sait.

En 1858, me trouvant à Souk-Arras, j'eus la curiosité de me rendre à Ksar-Jabeur et de visiter le fameux champ de bataille retrouvé. J'interrogeai ce sol, engraissé des cadavres de milliers de soldats romains, numides, gaulois, liguriens, qu'il me sembla voir ressusciter et se disputer de nouveau l'empire du monde dans un choc formidable des masses heurtées les unes contre les autres.

Annibal représentait la protestation politique des nations contre la conquête romaine. Le général carthaginois avait rassemblé dans son camp les débris des peuples terrassés par l'Hercule italien, les avait unifiés, disciplinés et poussés de toute la puissance de son génie, de toute la force de sa haine contre l'ennemi commun. Qu'il fût resté vainqueur à Zama comme à Cannes, il n'y aurait eu qu'un déplacement d'hommes et de choses. Carthage aurait pris des mains de Rome le sceptre du monde; le principe despotique de la conquête et de l'esclavage qui régissent l'antiquité n'en eût pas été affaibli. Mais Rome, qui était la nation la plus digne de faire le faisceau des temps antiques, ne devait être vaincue que par un nouvel idéal, une nouvelle évolution morale de l'humanité.

RUINES & LÉGENDES D'AFRIQUE.

Il n'est pas de spectacle plus intéressant que d'évoquer, après Volney, le génie du passé en parcourant les plaines et les montagnes de l'Afrique, cette patrie née des ruines, ce sol tant saccagé, ce vaste cimetière de toutes les races, cette terre maltraitée par les barbares qui semble courber son front ridé sous les grands et les tristes souvenirs.

Mes bottes se sont usées sur les ruines qui jonchent le sol de la Numidie romaine, aujourd'hui la province de Constantine. Mes yeux se sont éraillés a déchiffrer les inscriptions latines presque effacées par la patte d'oie du temps sur les pierres vermiculées comme l'éponge, recouvertes d'orchis. A ce souvenir, les chauve-souris des portiques et des temples païens s'ébattent encore dans mon cerveau, et la poussière des siècles s'amoncelle sous ma plume.

Ma première excursion aux nécropoles africaines fut faite aux ruines de Hammam-Meskoutine (en français *bains des maudits, des damnés,*) thermes célèbres où les légions romaines fatiguées par les marches sous un soleil de feu et les combats incessants, venaient se retremper, réparer leurs forces épuisées. Grâce à l'efficacité de ces eaux thermales, le soldat mutilé cicatrisait ses blessures, guérissait ou du moins était soulagé. C'est ainsi que Rome entretenait la santé et la vigueur de ses robustes armées.

Les thermes de Meskoutine se trouvent entre Bône et Constantine. Je partis de Bône en me dirigeant sur Guelma. Rien de pittoresque comme cette route qui traverse l'immense plaine de Dréan, dont le regard n'atteint pas les limites et côtoie la rugueuse échine des monts Edough jusqu'au lac Fetzara, où les contreforts de l'Atlas viennent mourir et se coucher comme un dromadaire qui s'abat sous un lourd fardeau.

Après avoir dépassé le bourg de Penthièvre, on monte la route à pic du col du Fedjouje qui traverse l'une des plus hautes chaînes de l'Atlas et se développe parallèlement avec l'ancienne voie romaine qui conduisait d'Hippone à Cirta (Constantine). Des Arabes faisaient paître leurs bestiaux sur les flancs escarpés d'Aïn-Chouga. Le col du Fedjouje rappelle un des plus tristes et des plus glorieux souvenirs de la retraite de Constantine. Une dernière fois les bataillons français, décimés à chaque étape depuis Constantine, furent attaqués là par une nuée d'Arabes qui les criblèrent. Les blessés roulaient dans le ravin au fond duquel ils trouvaient la mort. La dame d'un capitaine, placée dans un fourgon, en souleva le couvercle et regarda avec autant d'intrépidité que de sang-froid les incidents de cette horrible lutte; elle fut heureusement épargnée. Enfin, sortie de la dangereuse gorge du Fedjouje, la poignée de braves échappés à cette sanglante retraite put rentrer à Bône.

La nature, toujours belle, me fit oublier les douleurs de la guerre. Par une échappée que forment les dépressions des mamelons culbutant les uns sur les autres, l'œil ravi découvre les flots du lac Fetzara, qui reflètent l'azur du ciel et semblent baigner les pieds de l'Edough. Sur le lac Fetzara se tuent les grèbes à l'immaculé plumage, dont les coquettes de l'Europe se font une élégante fourrure. Par une autre dépression de mamelons se montre un coin bleu de la Méditerranée : c'est l'infini du ciel, de la mer et des montagnes.

Au-delà du Fedjouje, la perspective est aussi belle. En sortant du col sévère, le regard se dilate à l'infini sur d'immenses espaces et n'est arrêté au sud que par les crêtes du mont Taïa, et du côté de Guelma par la crête radieuse de la Mahouna, dont la dépression évidée fait dire aux Arabes que la jument Borak du prophète a laissé sur ce mont élevé l'empreinte de sa selle. La Mahouna et d'autres montagnes aux environs de Guelma furent le théâtre d'une insurrection arabe en 1852, époque assignée pour l'expulsion des Français de l'Algérie. Mais Moulessa, le maître de l'heure, et Mouledra, le père de la force, n'ayant pas secouru les musulmans comme ils l'avaient promis formellement aux fanatiques marabouts, les Arabes furent encore une fois vaincus et se soumirent.

Le village d'Héliopolis, aux maisons cachées sous la verdure des plantes grimpantes, est placé comme un oasis au milieu du désert. Un riche colon d'Héliopolis a réuni dans son exploitation des hommes de toutes les races : Nègres, Arabes, Italiens, Maltais. Les Nègres lui ont créé un magnifique jardin à faire pâlir celui du Paradis terrestre. Nous avons vu, sous leurs ajoupas aux joncs entrelacés, ces originaires du Tombouctou et du Fezzan qui rachètent leurs laideurs physiques par un courage, un dévouement à toute épreuve, et une bonté réelle dont les blancs ont depuis longtemps perdu le secret.

La ville de Guelma, la Calama des Romains, est située au centre d'une vaste plaine, au milieu de laquelle elle apparaît de loin comme un sépulcre blanchi. Les maisons françaises nouvellement édifiées sur la vieille terre d'Afrique, désharmonisent le paysage et impressionnent toujours le voyageur.

Avant d'entrer à Guelma, je visitai un cirque romain à ses portes, le plus entier que j'aie vue en Algérie. Presque toutes les assises sont intactes, ainsi que ses gradins, les tribunes réservées du proconsul et les deux fosses dans lesquelles on renfermait les animaux, les lions, les panthères, qui luttaient avec les gladiateurs. Le théâtre est entier; il ne manque à ces magnifiques vestiges que le spectacle et les spectateurs.

Les ruines romaines abondent à Guelma, elles sont si communes que, méprisant l'antiquité comme de vrais Yankees, le génie et les habitants les ont utilisées pour élever maisons et bâtiments de l'État.

Je me suis souvent distrait, dans la cour ou dans la chambre de la maison où j'étais logé, à déchiffrer des inscriptions latines presque effacées sur les murs, mementos en pierre, propres à nous rappeler le néant de la vie, et remplaçant avantageusement les longs sermons sur la vanité des choses humaines.

Près de Guelma se trouvent les ruines de Suthul. C'est là, s'il faut en croire Salluste, que Jugurtha avait enfermé tous ses trésors. Quelques pierres seulement marquent le souvenir de la Suthul de Jugurtha. Du reste, un auteur a prétendu que Suthul n'avait été qu'un des faubourgs de Calama.

Je partis de Guelma pour Meskoutine avec deux amis munis comme moi de bons fusils, car plusieurs habitants nous avaient conseillé de nous armer, en nous racontant l'histoire suivante :

Un médecin, venu de Paris pour étudier l'organisation projetée d'un corps de médecins français qui devaient être répartis parmi les tribus arabes décimées par de terribles maladies, voyageait au-delà de Mjez-Amar, en compagnie de l'un de ses confrères de Bône et de quelques spahis, lorsque les chevaux bondirent en passant à côté d'un magnifique lion noir couché sur le bord de la route. Les chevaux passèrent vite. Mais le médecin parisien émit l'avis courageux de faire volte-face, et d'aller s'assurer si ce lion était en pierre, comme le lion des Tuileries, ou de chair et d'os. Ce qui fut dit fut fait. Les spahis chargèrent leurs fusils, et l'on revint se poster en face du lion, à quelques pas de lui. Ainsi toisé et lorgné, l'animal, troublé dans ses méditations, se mit sur son séant et regarda avec la même curiosité nos indiscrets. C'était surtout un magnifique mulet de la compagnie des spectateurs que le lion noir guignait avec prédilection, et auquel il n'aurait pas tardé, sans doute, à prouver toute sa sympathie. Mais nos spectateurs coupèrent court à l'entrevue et tournèrent le dos au lion, qui, n'ayant pas encore satisfait sa curiosité à leur égard, les suivit l'espace de trois kilomètres en véritable chien caniche. Voyant que nos voyageurs étaient infatigables et qu'ils fuyaient toujours comme un mirage du désert, le lion noir renonça à sa conduite et disparut.

Malgré les sinistres prédictions, nous ne fîmes pas de mauvaise rencontre, et nous pûmes nous abandonner en toute sécurité aux charmes de la nature africaine. Je ne l'ai jamais vue plus splendide, plus grandiose et plus séduisante que dans le trajet de Guelma à Meskoutine.

La Seybouse, que nous côtoyons, roulait ses eaux couvertes de lauriers-roses dans une verte vallée plantée d'oliviers. Dès que nos chevaux eurent passé la rivière à gué, la nature changea de caractère, et nous nous trouvâmes comme des fourmis perdues au milieu d'un pâté de montagnes, contreforts du Petit-Atlas, dont les pics les plus élevés poignardent l'horizon, tandis que les autres mamelons fuient en perspectives infinies du côté du désert. Pas un être, pas une âme ne venait animer ces sauvages solitudes, autrefois parcourues par les armées romaines bardées de fer, et par les Numides de Jugurtha et de Tacfarinas. Une maison abandonnée vous ramène brusquement de l'antiquité aux temps modernes : c'est l'orphelinat de Mjez-Amar, refuge des orphelins laissés par les colons de la province de Constantine, et dirigé par des curés, des Augustins et des Augustines, qui n'ont malheureusement pas su mener à bien ce magnifique établissement. Pauvres orphelins de Mjez-Amar, qu'êtes-vous devenus depuis votre dispersion? Je fis entrer mon cheval dans la cour de l'orphelinat abandonné, où poussait drue l'herbe au pied d'une croix de fer rongée par la rouille.

Pendant que j'étais resté le cœur serré devant cette ruine de la civilisation française, mes amis s'étaient arrêtés, de leur côté, au pied du fameux mamelon pris et repris par les Français et les Arabes dans la retraite de Constantine. Enfin, nous nous arrachâmes à tous ces souvenirs poignants, et nous piquâmes des deux sur Meskoutine. Nos chevaux nous emportèrent sur une étroite route taillée au vif du roc qui surplombe un abîme, au fond duquel sourit un frais vallon et chantent l'Oued-Cherfs et l'Oued-Bou-Hamden, dont les eaux réunies forment la rivière de la Seybouse.

Un des nôtres s'écrie : Meskoutine, avec l'enthousiasme de Christophe-Colomb criant : terre! en découvrant les rivages d'Amérique. Nous ne voyons encore qu'un épais brouillard formé par les eaux en ébullition de Hammam-Meskoutine. Mais à mesure que nous avançons, le rideau de vapeurs se lève, et une multitude de cônes d'où jaillissent les eaux, et au-dessus desquels s'élèvent deux fortes colonnes de vapeurs, nous apparaissent. Les pieds de nos chevaux font crier un sable sonore qui est miné jusqu'à la croûte par les feux souterrains et le parcours des eaux chaudes. A peine arrivés sur le terrrain même des bains thermaux, nous nous arrêtons, regardant d'un œil émerveillé d'immenses marmites naturelles dans lesquelles bouillonnent à 98 degrés les eaux d'Hammam-Meskoutine, qui se répandent par nappes sur des gradins multicolores et pétrifiés. Qu'on se représente les cascades de Saint-Cloud à l'état bouillant. Les eaux, en se déplaçant, ont laissé derrière elles des cônes de calcaire, ressemblant assez aux chapeaux pointus des Italiens, qui ont l'air de monter la garde à l'endroit délaissé.

Les Arabes, toujours imaginatifs, — ces éternels conteurs des *Mille et une Nuits,* — prétendent que ces pétrifications représentent le frère qui allait, contre toute loi divine et humaine, épouser sa sœur, ainsi que le marabout et les témoins de ce mariage incestueux, tous foudroyés et pétrifiés par le courroux céleste. Le chameau qui portait les présents du mariage n'a pas échappé à la pétrification, et les Arabes vous montrent avec gravité le bloc tourmenté qui représente le pauvre animal. De là, le nom de Hammam-Meskoutine, *bains des maudits,* ou *bains des damnés.*

Du reste, voici la véritable légende arabe, telle que je l'ai entendue raconter par le savant Mac Carty.

Brahim et Fatma avaient deux enfants, dont trois moissons avaient à peine séparé la naissance.

Ali, le premier né, était à quinze ans le plus beau cavalier de sa tribu. Nul mieux que lui ne domptait un cheval fougueux; il excellait à lancer un trait à la course, à frapper l'hyène ou la panthère; et ce courage si brillant n'effaçait en lui aucune des grâces naïves de la jeunesse.

Aurida (Rose), sa sœur, était belle comme la fleur dont elle portait le nom, fraiche comme la rosée du matin; ses pieds étaient légers comme les pieds de la gazelle; ses mains étaient douces et blanches comme du lait; ses yeux étincelaient comme une étoile au sein des nuits.

Ils s'aimaient tous deux d'un amour tendre et pur. Les premières ardeurs de la jeunesse, loin d'affaiblir ce lien sacré, les resserrèrent de plus en plus.

Vainement les jeunes filles de la tribu provoquaient Ali du regard et du sourire; vainement, dans les fantasias bruyantes, Aurida se voyait entourée des hommages des jeunes cavaliers amis de son frère; leurs deux cœurs demeuraient insensibles.

Pour Ali, nulle fille n'égalait en beauté Aurida; et, de son côté, Aurida se disait tout bas que nul homme n'était comparable à son frère.

Déjà, à ce sentiment si tendre que remplissait leurs âmes, se mêlait un trouble secret. Aurida rougissait sous les baisers de son frère; Ali était tremblant comme une tige d'asphodèle lorsqu'il tenait dans sa main la main brûlante de sa sœur.

Bientôt la révélation fut complète; cet amour,

jusque-là si touchant, si noble et si pur, ne fut plus qu'une passion incestueuse et coupable.

Qui le croirait? leurs parents ne cherchèrent point à éteindre ces feux sacriléges.

C'est que Brahim était riche et possédait d'immenses troupeaux qui couvraient les rives de Chadakra, lorsqu'ils venaient le soir s'y désaltérer, avant de rentrer dans le cercle du douar. Ces tentes, ces bœufs, ces esclaves, toutes ces richesses de Brahim n'auraient donc point à subir de partage si le frère et la sœur s'unissaient dans un hymen incestueux.

Cependant Amar, le cadi, était un homme de bien, juste et soumis à la foi de Dieu; il résista aux coupables intentions de Brahim, aux prières d'Ali, aux larmes de la jeune fille.

Horreur! Un matin le cadi fut trouvé mort dans sa tente, et on ne put découvrir la main qui l'avait frappé.

Le vertueux Amar eut pour successeur un homme puissant et considéré, lié d'amitié avec Brahim depuis longues années.

Bientôt le mariage d'Ali et d'Aurida fut publiquement annoncé, et le cadi ne refusa pas de prêter ses mains à l'accomplissement de cette union coupable.

Les préparatifs de la noce se font avec éclat; devant le luxe déployé par le vieux Brahim, la conscience publique se tait et s'apaise.

Le jour est fixé; de toutes parts arrivent des cavaliers revêtus de leurs plus beaux costumes; des tentes hospitalières, aux couleurs éclatantes, s'élèvent au loin dans la plaine, par les soins des esclaves de Brahim; de grands feux, allumés çà et là, préparent d'incessants festins; le couscoussou bouillonne dans des vases immenses; les bœufs et les moutons rôtissent tout entiers sur la braise. Les jeunes gens marient leurs chansons aux bruits de la fantasia; les hennissements des chevaux, les cris de la foule se mêlent aux sons aigus du thoul et de la derbouka.

Silence! voici le cortége.

Voyez la fiancée, comme elle est belle et comme elle éclipse cet essaim de jeunes filles qui se pressent autour d'elle toutes parées de leurs plus beaux pendants d'oreille et de leurs colliers de girofle parsemés d'ambre et de corail! Entendez ces cris joyeux, ces chants d'amour et de fête! Que parliez-vous de crime et d'inceste? Tenez, jamais le ciel ne fut plus pur, jamais les rayons du soleil ne parèrent d'un plus vif éclat la cime des bois et le gazon des plaines. Dieu lui-même pardonne à cette union inaccoutumée.

Non, Dieu ne pardonne pas!

Tout à coup le ciel s'obscurcit; l'éclair sillonne et déchire la nue; le tonnerre gronde avec fracas; la terre tremble et menace de s'entr'ouvrir. On fuit en désordre, on se presse, on se heurte; mais dans ce moment suprême les deux amants n'ont point oublié leur amour : Ali presse sa fiancée dans ses bras et semble défier la colère céleste.

Tenez! les voyez-vous encore, s'étreignant dans un dernier baiser? Les corps qu'animaient naguère tant de jeunesse et un amour si criminel ne sont plus maintenant que deux pierres colossales, monuments éternels du châtiment divin !

Auprès d'eux, cette pierre plus élevée c'est le cadi, victime de sa coupable indulgence; on le reconnaît encore au turban qu'il portait sur la tête. Derrière Aurida, voyez-vous le chameau qui portait ses présents de noce, et plus loin Brahim et Fatma, qu'une étreinte convulsive a rapprochés en mourant?

Et cette foule foudroyée, ces musiciens dont la tempête a brisé les instruments; ces serviteurs, ces vierges immobiles, ces tentes pétrifiées; tout enfin, tout atteste et la grandeur du crime et la puissance du châtiment.

Et pour que les hommes ne perdent pas la mémoire de cette punition solennelle, pour que sans cesse la colère céleste se montre présente et inassouvie, Dieu permet que les feux du festin brûlent éternellement, qu'une fumée épaisse, des eaux brûlantes jaillissent du sein de la terre, et que des grains blancs, pareils à ceux du couscoussou, couvrent le sol désolé.

Une explication scientifique des eaux thermales, des sels alcalins, des cônes calcaires de Meskoutine pourrait-elle valoir cet ingénieux roman arabe attribuant toutes les révolutions du globe aux crimes commis par les hommes?

Longtemps avant notre occupation, les indigènes avaient reconnu l'efficacité des eaux chaudes de Meskoutine. Les malades buvaient de cette eau, s'en lavaient et en emportaient dans des gargoulettes, ou dans des peaux de bouc.

Pour guérir les maladies invétérées, les prêtresses arabes faisaient des sacrifices religieux au bord des sources. Aujourd'hui encore les négresses maraboutes donnent aux baigneurs le spectacle étrange de ces idolâtries.

Après avoir allumé des cierges autour des sources qu'elles parfument en passant sur l'eau des cassolettes remplies d'aromates, elles soumettent les victimes, habituellement c'est un mouton ou un volatile, à la purification, à des onctions d'huile et de feuilles de henné. Alors le sacrificateur, tourné vers l'Orient, appuie le couteau sacré sur la gorge de la victime et la lui coupe; le sang est recueilli par le malade, qui en baigne toutes les parties souffrantes de son corps, et emporte chez lui le cadavre des animaux immolés.

S'il est bon musulman, sa guérison est assurée. Cependant, pour que le sacrifice réussisse, il faut que les plumes des poulets voltigent sur la source et que le mouton ait, dans son agonie, certaines crépitations connues seulement des sacrificateurs. C'est le secret des dieux.

Ces cérémonies idolâtres sont terminées par des danses nègres avec accompagnement de bamboula et de cris sauvages à effrayer les djenouns eux-mêmes.

Selon les Arabes, le bruit souterrain que l'on entend en passant sur le plateau des sources serait produit par la musique infernale des djenouns, génies qui doivent s'opposer à notre établissement dans cette contrée, de même qu'ils ont déjà renversé tous les établissements romains dont les ruines jonchent le sol de Meskoutine. D'autres Arabes prétendent que les cônes des sources représentent les tentes pétrifiées de leurs ancêtres; ceux qui affectent une forme irrégulière sont des hommes, des femmes, des enfants ou des animaux de la tribu.

Une autre version veut que Salomon ait confié la garde des bains qu'il avait créés sur divers points du globe à des génies sourds, muets et aveugles, afin qu'ils ne pussent ni voir, ni entendre, ni raconter ce qui s'y passerait. Mais voyez la merveille : depuis deux mille ans personne n'a pu faire entendre à ces djenouns sourds et entêtés que Salomon est mort, et ils continuent et continueront à chauffer les bains jusqu'à la fin des siècles. En approchant l'oreille de l'orifice des sources, on peut croire en effet à un enfer entretenu par une légion de diables; car une chaleur suffocante vous monte au visage, en même temps qu'un bruit strident vous brise le tympan. Nos cannes trempées dans l'eau se chargèrent aussitôt d'un vernis calcaire d'une éblouissante blancheur. Tous les objets laissés quelque temps dans les eaux se couvrent de curieuses pétrifications. Nous aurions bien voulu faire cuire notre déjeuner sur cette marmite naturelle chauffée à cent degrés, à l'exemple de certains baigneurs; mais la semelle de nos trop minces souliers fumait déjà, et nous nous retirâmes prudemment de cette fournaise pour aller visiter les ruines des anciens thermes.

Les Romains avaient édifié de nombreux thermes près des eaux chaudes. Le vallon de Meskoutine est couvert de piscines en ruines. La mieux conservée de ces piscines a au moins 40 mètres de longueur; toute une légion pouvait s'y baigner en une journée. A cette heure, les soldats romains sont remplacés par ceux de l'Algérie et de la Crimée, qui viennent cicatriser leurs blessures à Meskoutine. Les civils demandent également à ces eaux thermales la guérison de leurs rhumatismes ou de leurs phthisies. L'hôpital ne pouvant renfermer tous les malades ou prétendus malades, des tentes se sont montées dans un délicieux ravin, près de l'établissement. J'ai passé presque toutes les nuits de Meskoutine bercé par les gammes des chacals, des panthères et des lions, et l'œil fixé sur une ruine romaine blanchie par les rayons de la lune. Que de siècles on vit en une nuit de méditations sur le sein de la vieille Numidie, devant ce spectre de la vieille Rome, qui vous apparaît au milieu des ruines de ses villes, drapé de ses blanches draperies et se couchant comme un exorcisé dans la poussière de son empire, aux premières lueurs du matin! A ce moment, les animaux féroces se taisent les uns après les autres; le burnous d'un Arabe se montre à l'horizon; le blanc costume d'une moukère tatoue un mamelon; on commence à distinguer les tentes et les gourbis accrochés aux flancs des ravins. L'activité humaine chasse la nuit paresseuse et voluptueuse.

Autour des bains Meskoutine cabriolent et s'écartèlent des montagnes au front feuilleté et sourcilleux, au pied desquelles éclatent les fleurs vives du laurier, le feuillage découpé à l'emporte-pièce de l'olivier, et chantent les oueds coulant dans les ravins verts et roses. Tous les aspects sont réunis là, les plus tendres comme les plus sauvages. C'est un paysage suisse repoussé par la rudesse africaine. La nature étrange de ce pays ne procède que par vifs contrastes. C'est toujours le guerrier farouche qui combat ou la bayadère vaincue par le plaisir, l'oasis riante et colorée après le désert aride et sans pitié. Les sites de Hammam-Meskoutine rappellent aux touristes les Pyrénées et les Alpes; mais les Alpes et les Pyrénées ne possèdent pas cette lumière africaine qui allume une fournaise dans l'excavation d'un rocher, fait vibrer tous les tons, le vert vif d'une touffe de myrtes aussi bien que le vert pâle d'un bois de lentisques, différencie les nuances les plus délicates. Meskoutine est le décor d'un paradis terrestre. Qui ne serait tenté d'oublier au fond de ces solitudes africaines, — choisies avec raison par les anachorètes du Christianisme, — les vaines agitations de la vie civilisée, si on y trouvait une Ève? — mais pas d'Èves! Elles laissent toujours une blessure au cœur; — si on y trouvait un ami et un restaurant confortable!

Mes journées s'écoulaient rapides à Hammam-Meskoutine. Le matin, je prenais, comme tous les domiciliés à l'hôpital, mes douches et mon bain d'eau chaude, car on ne sort pas de la fournaise à Meskoutine. Grillé par un soleil de 50 degrés, vous vous rafraîchissez en vous jetant dans une brûlante piscine. On s'acclimate à la manière de ces poissons qui vivent sous les eaux chaudes. La pêche à la ligne est fort curieuse à Meskoutine Il s'y prend d'excellents barbeaux dans la couche inférieure des eaux chaudes, dont la température est moins élevée qu'à la surface, et le pêcheur, pour manger séance tenante son poisson cuit au bout de sa ligne, n'a qu'à la maintenir quelques minutes dans la région supérieure du ruisseau d'eau chaude.

Après le déjeuner, les baigneurs de Meskoutine se dirigent à travers des champs plantés de cotonniers, encadrés de l'éternel laurier-rose, vers le ravin du Lion, pour y puiser leur bouteille d'eau ferrugineuse. Cette eau, chargée de protoxyde de fer, me disait l'aide-major directeur de l'établissement, guérit plus de malades que les eaux des bains. Elle coule en telle abondance, que certes elle pourrait suffire à l'approvisionnement de Paris, redresser bien des échines et calfater bien des poitrines rebelles.

Le ravin du Lion est torrentueux en hiver. L'été, ses énormes galets sont immobiles; ses chênes-zend, ses vignes vierges, dont les puissantes racines percent le roc, restent presque à sec. Ce sauvage ravin, ouvert à l'extrémité d'un bois, donne une idée de la sève vigoureuse, de l'exubérance du sol africain. Sur ses bords s'éparpillent des fûts, des chapiteaux brisés, ruines de quelque bourgade romaine. Je me serais volontiers laissé prendre à la méditation le premier jour que je visitai ce ravin, n'eût été la crainte que le lion vînt y boire en même temps que moi.

M'étant demandé ce que je répondrais au lion s'il m'adressait la question que le loup de la fable fait à l'agneau, et n'ayant pas trouvé de réplique concluante, je déguerpis en me promettant de ne revenir qu'en bonne compagnie. En effet, je fis chaque jour le trajet avec un vieux chasseur d'Afrique, couturé de blessures, qui me racontait ses batailles du Tell et du Sahara, ses razzias (il avait posé pour la Smala, d'Horace Vernet, et il en était fier), ses réjouissances, ses chants de victoire après la bataille, au milieu des gémissements des ennemis blessés, tous les incidents terribles du carnage humain. Je frissonnais involontairement au récit animé de ce brave, mais ce n'était plus par peur du lion. Que vaut le débonnaire lion comparé à l'homme? La contrée de Meskoutine, peuplée de bêtes féroces, a enfanté des centaines de Gérards. Tous les soirs, une dizaine de malades de Meskoutine, guéris comme par enchantement, se jetaient dans les bois pour chasser la bête féroce, et revenaient le lendemain matin, qui avec un lièvre, qui avec un chacal, qui avec une panthère ou un lionceau. On ne se doute pas, en France, que l'Algérie possède autant de chasseurs de bêtes féroces, témoin le colon de Sétif, qui a déjà tué vingt lions. Un jour, on trouva, entre Guelma et Meskoutine, la tête de l'un de ces aventureux chasseurs de lions. Avait-il été assassiné par des Arabes ou broyé sous les dents d'un lion? C'est ce que, malgré les recherches, on ne put savoir.

Je ne voulus pas quitter Hammam-Meskoutine sans faire une excursion dans ses ruines. J'avais en-

Un jour, on trouva, entre Guelma et Meskoutine, la tête de l'un de ces aventureux chasseurs de lions. (P. 204).

tendu dire que les plus belles ruines romaines de la province de Constantine étaient celles d'Anouna, de la mystérieuse Anouna, dont le nom antique est ignoré et l'histoire enveloppée de la plus grande obscurité. Serait-elle l'ancienne Tibilis, et aurait-elle donné son nom, — *aquæ tibilitanæ,* — aux eaux de Meskoutine? C'est fort douteux, car Anouna se trouve à cinq lieues de ces thermes célèbres.

Je me décidai à entreprendre cette expédition avec l'aide-major et le pharmacien de l'hôpital. Nous eûmes toutes les peines du monde à trouver un indigène qui connût la situation d'Anouna. Enfin, le caïd Bou-Nar nous ayant envoyé pour cicerone un de ses Arabes, nous partîmes dès l'aube, bien approvisionnés de vivres et montés sur d'excellents chevaux, qui grimpèrent des mamelons à pic et descendirent les pentes les plus rapides sans faire choir leurs mauvais cavaliers. Nous nous écartâmes de notre chemin pour visiter la grotte profonde de Dhamous-Djemâa, qui a servi, prétend-on, de refuge aux chrétiens persécutés par les Vandales. Des inscriptions indéchiffrables et des croix sont gravées dans la pierre des premières parois. Les voûtes de la grotte sont constellées de stalactites. Nous ne pénétrâmes pas très-avant; il faut marcher avec la plus grande prudence pour ne pas tomber dans les excavations.

Sortis de ce lieu sauvage, nous éprouvons une véritable sensation de bonheur à traverser des bois de lentisques et d'oliviers, peuplés de douars dont les tentes surgissent brusquement au détour d'un sentier. Nous surprenons le village dans son désordre, dans toute la vérité de ses détails. Les hommes sont assis en rond, les pieds sous leurs burnous, écoutant un cheik qui raconte un épisode de la guerre d'autrefois, ou une mystérieuse histoire de djenouns; des enfants coiffés de la rouge chachia et couverts par une loque se roulent dans la poussière; les femmes ramassent du bois mort, font la cuisine ou se montrent mutuellement les cadeaux du maître, un anneau de pied en argent, morceau d'étoffes à ramages, un haouly de fine mousseline, un miroir enjolivé de Tunis. Excepté les détestables chiens arabes qui jappent aux jambes de nos chevaux, et les ramiers reposés sur les gourbis qui s'envolent à notre approche, notre passage ne trouble rien dans le douar. Les Arabes nous toisent d'un air carthaginois sans interrompre leurs discours, sans se déranger de leur paresseuse pose de singe, et nous sortons de cette pastorale, de ce tableau de la vie biblique sur lequel nous faisions tache, escortés par les aboiements des kelbs et par les regards moitié curieux, moitié effrayés, des jeunes moukères au visage tatoué d'étoiles bleues et colorié de henna.

Nous gagnons la route qui doit nous conduire à Anouna. Un musulman voyageur s'arrête à la limite d'un champ moissonné par des Arabes; il met un genou à terre et fait un signe. Tous les moissonneurs prennent leur peau de bouc gonflée d'eau et se livrent à un steeple-chase pour désaltérer le voyageur, qui boit une gorgée de chameau, ne souffle pas mot et continue son chemin. — O pays du silence, du recueillement, de la simplicité et de l'hospitalité! ne vaux-tu pas les pays d'orgueil, de misère et de philanthropie? Des femmes arabes en palanquin à dos de mule, le visage protégé contre les ardeurs du soleil par une draperie rouge qui les enveloppe complétement, passent à côté de nous en nous lorgnant par les trous de leur talika. Ces belles moukères ont été achetées deux mille francs au moins par leur maitre et seigneur. D'autres malheureuses en haillons marchaient nu-pieds devant un podagre arabe à califourchon sur un âne qu'il éreinte de coups avec le même martinet servant le soir à sa femme. C'est la pauvre moukère achetée deux cents francs.

Notre cicerone, qui jusque-là avait marché devant nous, s'arrête brusquement, et, prenant un de nos chevaux par la bride, s'écrie : — *Manarf!* — c'est-à dire, je ne sais pas, j'ai perdu mon chemin. Nous avons beau nous récrier, le malheureux ne comprend pas un mot de français; pour lui faire entendre la langue et retrouver son chemin, le pharmacien, malgré mes protestations humanitaires, lui administre une volée de coups de bâton que l'Arabe reçoit en conscience, sans bouger; après quoi il se décide à marcher devant nous, et nous fait monter et redescendre des mamelons en cherchant toujours Anouna, qui fuyait comme un mirage. Tout à coup l'Arabe enfonce ses longs éperons dans le ventre de son cheval, pousse une fantasia à tous crins, et nous le voyons bientôt s'arrêter devant un vallon et une colline couverts de ruines.

A notre tour, nous galopons et nous jetons des

exclamations enthousiastes en poussant nos chevaux au milieu d'une imposante et vaste cité romaine qui semble plutôt endormie ou pétrifiée qu'en ruines. Un temple païen, aux chapiteaux corinthiens artistement sculptés, est presque intact. Vénus et Apollon l'ont sans doute défendu contre le génie de la destruction ; un portique qui reliait le plateau à la colline a peu souffert des ravages ; dernier soldat du combat séculaire, il regarde avec une tristesse fière les vaincus couchés sur le sol. Mais, que parlons-nous de vaincus? Deux arcs-de-triomphe, aux chapiteaux acanthes, parfaitement conservés, maintiennent l'orgueil de Rome en face d'un aqueduc qui pourrait encore alimenter une nouvelle ville. Anouna inspire l'idée la plus grandiose de l'antiquité ; elle ressuscite cette cité romaine imbue du sentiment de sa mission et de sa force, aussi majestueuse, aussi imposante au fond des déserts africains qu'en Italie. Le cadavre de Rome, partout où on le voit, commande le respect, l'admiration. C'est le cadavre d'un héros, et la mort ne diminue pas le héros, elle le consacre.

Il est impossible de ne pas se sentir saisi par l'éloquence de ces ruines couchées dans un site sauvage, loin de toute habitation. C'est le mariage du souvenir et de la solitude. Le silence plane sur les ruines. Des monts dénudés, horriblement crevassés, qui semblent s'être arrachés les entrailles de désespoir à la chute de la ville romaine font un cercle triste à Anouna. Moins sensibles que les montagnes, les vallons mamelonnés, couverts de blé et d'orge, viennent insulter Rome de leurs riantes moissons jusqu'au milieu des ruines qui pleurent sur sa grandeur passée. Du côté de Constantine, l'horizon est fermé par le Djebel-Dellar et le Taïa, qui passent leurs têtes altières au-dessus de toutes les autres montagnes.

La zone des tombeaux sur la colline fait supposer qu'Anouna devait contenir une population de six à huit mille âmes. Anouna avait d'ailleurs une situation très-importante, puisqu'elle reliait Constantine à Carthage et à Hippone. Nous relevâmes les inscriptions latines à moitié effacées d'une vingtaine de pierres tumulaires aux piédestaux de marbre saccharoïde. Elles commencent invariablement par l'invocation aux dieux mânes, fixent le nombre d'années vécues, et finissent leur Ci-gît par cette espérance : — « Que ses os reposent bien ! » En voici quatre que je retrouve sur mon carnet de voyage :

<table>
<tr><td>D*.*M*.*S
SEXTIA
SATVRNI
NA×V×A
XV
H*.*S*.*E</td><td>XORNAIOPRAI
CONPRIMÆFIDA
CARDVLORUM
MSITTIVS CONSTANS
FRATRI CARACDVL×
CISSIMOVAL×</td></tr>
<tr><td>D*.*M*.*S
L*.*SITTIVS MEOM
RVFINO EORVBE
EXORNATO DEO
CIRTENSAMN×
V A · XXV
H*.*S*.*E</td><td>FLAVIVS
QANNIANOS
VIXAN
H S E
SEVIVOS IBI
COLOCAVIT</td></tr>
</table>

Malgré le soleil qui nous inondait de sueur et nous brûlait les yeux, nous ne pouvions quitter les chapiteaux écornés, les colonnes brisées, les ruines couvertes de ronces qui semblaient s'attacher à nous et vouloir nous garder pour que nous leur racontions sans doute les histoires du temps présent. Enfin, nous secouâmes cette poussière séculaire, — poussière est le mot, — puisque cette ville romaine n'a pas laissé un mot de sa vie à l'historien, et qu'elle reste ensevelie sous un nom de femme arabe.

LES CITÉS MORTES DE L'AFRIQUE. — HIPPONE ET SAINT AUGUSTIN.

En Afrique, je me suis beaucoup plus préoccupé des cités mortes que des cités vivantes, et j'ai toujours préféré les ruines laissées par Rome aux maisons mauresques et aux mosquées. Fidèle à mon système, je me mis en devoir, dès que je fus arrivé dans la province de Constantine, de visiter les ruines d'Hippone, la ville de saint Augustin.

J'expédiai Bône. Une journée me suffit pour connaître cette ville qui a gardé la physionomie primitive de son origine arabe, pour parcourir sa belle place que rafraîchissent une véritable oasis et de vrais palmiers, et qu'encadrent de vastes galeries à arcades continuellement peuplées de juifs, de Maltais et de nègres, — pour visiter sa mosquée au minaret élancé, — pour monter au sommet de sa casbah, taureau de Phalaris qui a fait crier dans ses flancs des milliers de détenus politiques, — pour grimper et dégringoler ses tortueuses ruelles encombrées de juives aux chaires opulentes, de yaoulets à peine vêtus d'une chemise trouée et de Mauresques enterrées sous le long voile quadrillé de vert et de jaune. Ces ruelles séparent à peine des maisons serrées l'une contre l'autre comme des cloportes, et invariablement terminées par des plates-formes servant de terrasses, sur lesquelles, en sautant de l'une à l'autre, un habile clown pourrait traverser toute la ville.

Bône, exclusivement livrée à son mercantilisme, à ses avides préoccupations, en dehors de toute communion avec la pensée et l'art, me semblait, malgré son admirable situation sur la Méditerranée, ses mœurs bizarres et son agglomération de races diverses, une cité pétrifiée. La vie s'était retirée à quelques portées de fusil de ses murs, où avait habité si longtemps la pensée, au milieu des ruines de la ville de saint Augustin. Aussi, le lendemain de mon arrivée à Bône, dès la première heure, je m'acheminai vers la célèbre Hippone, qui couvrait, avant d'avoir disparu sous terre,—car les villes s'enterrent comme les hommes, comme les peuples, — la surface des deux mamelons que l'on aperçoit à Bône de la porte de Constantine.

Je contournai le premier mamelon, du côté de la mer, heurtant à chaque pas de mon épais soulier, ou à chaque coup de ma canne ferrée, une mosaïque grossière, une lampe en terre rouge sculptée d'un triton, des médailles à l'effigie des derniers empereurs romains, quelques scories des mines de fer que les Romains avaient exploitées là avant la compagnie des hauts fourneaux de l'Alélik, en pleine activité, en pleine prospérité aujourd'hui, tant le fer est commun dans le rayon de Bône, autant que l'était autrefois le beau marbre de Numidie que les minéralogistes modernes n'ont pas encore retrouvé, — marchant pensif sur les vestiges d'une voie romaine, traversant un pont que la lourde massue des siècles n'a pu effondrer et que nous avons restauré. J'arrivai ainsi, à travers tant de souvenirs heurtés, remués, foulés aux pieds, jusqu'à la base du second mamelon, sur lequel étaient édifiés les faubourgs de la ville détruite par les Vandales.

On gagne ce mamelon par un chemin creux ombragé d'oliviers, de caroubiers, de figuiers, de jujubiers, qui font une délicieuse promenade au touriste et le disposent merveilleusement à la méditation.

Lorsque je visitai Hippone, au mois d'avril 1858, tout était vert, arbres et gazons. Le desséchant soleil d'Afrique n'avait pas encore fait pâlir les vives couleurs du printemps. Je gravis lentement le mamelon d'Hippone en m'arrêtant devant des arcades en plein-cintre aux bases éternelles, inébranlables, construites et cimentées, comme seuls les Romains savaient construire et cimenter. On croit que ces arcades sont les restes des thermes de Socius.

A quelques mètres des thermes, on a élevé un monument à saint Augustin, statuette en bronze sur un piédestal en marbre, qui représente le docteur de la grâce en costume d'évêque, mitre sur la tête, tenant un livre ouvert de la main gauche, sur lequel il appuie son cœur qu'il tient de la main droite, — figure naïve de saint Augustin écrivant, avec les inspirations de son cœur, ses *Confessions*, la *Cité de Dieu*, le *Traité de la grâce*. Sur la face principale du piédestal, un pélican s'ouvre les entrailles pour nourrir ses petits, — encore un emblême du génie dévoré par ceux-là même qu'il sauve.

Ce petit monument est indigne d'un tel homme. Néanmoins, son aspect émeut par le grand souvenir qu'il évoque. Les temps barbares apparaissent et roulent sous vos yeux, les hordes bardées de fer, jetant au ciel et à la terre leurs cris de *vœ victis!* Luttes grandioses des premiers siècles du christianisme! D'un côté, les légions toujours inassouvies de l'insatiable conquérant, promenant le carnage, le fer et le feu sur la surface du globe; de l'autre quelques docteurs essayant d'arrêter l'armée de la force en lui opposant l'intelligence, le verbe, la parole ardente de Tertullien, la persuasion de Chrysostome, le livre d'Augustin, du Platon du christianisme. Alors le monde vacillait, malade, sur les étais pourris de ses tristes principes. Plus de port, plus de boussole : le combat incessant sur une mer furieuse jusqu'au naufrage général! La terre ivre du sang des vaincus ressemblait à une vaste Babel, ou recevoir ou donner la mort était la vie de tous les hommes. Le vieux monde de la conquête et des dieux sensuels expirait dans la nuit et dans le sang. Le christianisme jeta son bateau sur ce torrent; en face de la force exubérante il exalta la faiblesse; il fut le refuge du vieillard, de la femme et de l'enfant; — à l'orgie des sens, il opposa la macération, les joies saintes de la douleur, l'exaltation de l'âme; à l'épée, le sentiment; aux brillantes tragédies des combats, le silence, le recueillement du cloître; à l'apologie de l'ignorance brutale, la sainte étude, mère de la civilisation; à la ménagerie des dieux du Panthéon romain, Jéhovah, le dieu des Juifs. Armés d'une croix de bois et d'un Evangile, les premiers chrétiens arrêtèrent les barbares, les désarmèrent, les apaisèrent, les enrégimentèrent dans la milice céleste. Le christianisme rendit une assiette morale au monde détraqué. Aucun philosophe, si rationaliste qu'il soit, ne refusera cette justice au passé du christianisme qui a souffleté la force et nargué au prix du martyre le mal triomphant.

Devant une telle œuvre, c'est à peine si l'on se sent le courage de blâmer sévèrement les chrétiens des troisième, quatrième et cinquième siècles, qui ont repoussé les premiers philosophes, c'est-à-dire les hérétiques du temps qui niaient le péché originel, la damnation des enfants morts sans baptême, la nécessité de la grâce, qui professaient le pélagianisme, l'arianisme, le manichéisme, le donatisme, — hérésies combattues avec ardeur par l'évêque d'Hippone.

L'hérésie et les barbares, la raison absolue et l'absolu de la force, tels furent les deux ennemis si opposés de nature, vaincus par les géants du christianisme, qui vaccinèrent le monde couvert de pustules avec l'autorité imposante de la foi, de la croyance révélée; la plupart succombèrent à la peine, comme saint Augustin, qui mourut pendant que les Vandales faisaient le siége d'Hippone, en 430.

L'évêque d'Hippone était né dans la ville romaine de Thagaste, aujourd'hui Souk-Arras, à vingt-cinq lieues de Bône.

La montagne d'Hippone serait déserte, si quelques touristes de Londres et de Paris ne traversaient les mers pour connaître la ville de saint Augustin. Pourtant, Bône daigne se souvenir une fois l'an de l'évêque d'Hippone : c'est le jour de sa fête, le 28 août. Et savez-vous ce que la population de Bône vient faire ce jour-là sur la montagne d'Hippone? Elle y danse le soir, après avoir entendu la messe le matin. Prier et danser, s'agenouiller et polker, mélange électrique de sacré et de profane, moyen agréable et commode trouvé au dix-neuvième siècle pour faire son salut.

La curiosité me conduisit, en août 1858, à cette fête de saint Augustin, célébrée par des entrechats, des balancés, des tournoiements, des jetés-battus fort risqués au point de vue même d'une morale épicurienne. Ceux qui ne dansaient pas festoyaient grassement autour de la salle du bal; d'autres cherchaient les parties boisées de la montagne, le mystère et l'ombre étoilée de l'enivrante nuit d'Afrique. Les lumières des ifs du bal champêtre rayonnaient au sommet du mamelon et jetaient leurs rougeâtres lueurs sur le versant opposé à Saint-Augustin, dont la statue se trouvait dans l'ombre, comme si le grand docteur se fût voilé la face à l'aspect étrange de ces bacchanales. Ce n'étaient plus les bandes redontées des Vandales qui couvraient la colline d'Hippone : c'étaient des pèlerins du dix-neuvième siècle, de pieux catholiques dont le scepticisme dansait sur le paganisme et sur le christianisme, sur les ruines romaines et sur le tombeau de saint Augustin.

Le temps impitoyable fait donc ruine de tout, pensai-je? Hommes sur hommes, villes sur villes, nations sur nations, doctrines sur doctrines! Tu voyais ton œuvre éternelle, ô grand docteur de la grâce, et le ver du scepticisme en a eu raison en moins de quinze siècles! Le monde n'est plus en proie aux enivrements de la force brisant toute résistance sur son passage comme un jeune taureau furieux, mais indifférent au bien et au mal; aussi las de ceci que de cela, il est couché comme un vieux bœuf dans son immonde étable. Il est tenu au joug lâche de l'inaction par le doute, cet entr'acte de la croyance qui meurt à la croyance qui va naître, ce prodrome de transformations morales de l'humanité.

Je faisais ainsi, sur les débris de la ville romaine, accoudé au tombeau de l'évêque d'Hippone, la triste synthèse des ruines matérielles du paganisme et des ruines morales du christianisme; je ne voyais que poussière et néant, qu'œuvres raillées par le rictus du scepticisme et anéanties d'un coup d'aile du temps, lorsqu'une nouvelle ruine m'apparut.

Dans le sentier qui contourne le mamelon de Saint-Augustin, un Arabe, découvert par un burnous troué, s'était arrêté pour faire la prière du coucher du soleil. Il se jeta par trois fois sur le sol, qu'il embrassa en répétant, assez haut pour que je l'entendisse : Allah Kébir! — La illah Allah Mohammed, recoul Allah! — Dieu est grand. Il n'y a de Dieu que Dieu. Mahomet est le prophète de Dieu.

Arabes! pauvres ilotes! dépourvus du sentiment de la liberté qui seule donne à l'homme une signification, une impulsion féconde, une sonore vibration, de la raison et de la science qui l'éclairent, le guident dans l'âpre et obscur sentier de la vie; Mahomet ne vous sauvera pas, puisqu'il a perdu l'Orient. C'est pour s'être attaché à la lettre du Koran que l'Orient est resté, après six siècles de domination, de conquêtes, à l'arrière-garde des nations de l'Occident, émancipées du fanatisme, de l'esclavage religieux, et marchant vers l'avenir malgré elles et presque à regret, poussé par l'irrésistible force de la science et du libre examen.

Je crus voir se lever devant moi l'étroit et sanglant fanatisme de l'Orient, qui couchait la société musulmane, le Koran, Allah et Mahomet, dans la poussière des ruines romaines et chrétiennes.

La pensée, lasse de s'appesantir sur les dissolutions morales des sociétés, se reporte avec bonheur vers la nature, toujours harmonieuse et victorieuse au milieu des débats humains. Le court crépuscule des jours d'Afrique avait déjà enveloppé d'ombre la montagne d'Hippone. Mais le couchant, du côté de Constantine, éclatait en îlots coloriés des nuances les plus vives au sein d'un azur rembruni. Derrière moi se profilait la gigantesque échine, zig-zaguée comme celle d'un dromadaire, des monts boisés de l'Edough, qui faisait courir leurs profonds ravins peuplés de chênes-liége jusqu'aux falaises escarpées du Cap-de-Fer, jusqu'aux anciennes grottes qui servaient de refuge aux premiers chrétiens pourchassés par les Vandales; à mes côtés, les rivières de l'Abou-Gemma et de la Seybouse allaient mourir en chantant dans la Méditerranée, qui semblait refermer sur elles comme deux grands bras ses caps Rose et de Fer. Bône se détachait du crépuscule avec ses blanches maisons couchées en paresseuses sultanes au bord de la mer, qui leur fait de ses vagues brisées une fraiche écharpe d'écume.

Rasséréné par cette quiétude africaine, je souhaitai à mes semblables l'harmonie, la paix, la poésie de la nature, et je descendis du mamelon Saint-Augustin en m'écriant avec le grand panthéiste Gœthe : « De la lumière, Seigneur, de la lumière! — Et moins de fanatisme, d'erreurs, de sang et de ruines! »

FIN.

Tours.—Imprimerie nouvelle.—E. Mazereau, passage Richelieu, 11.

OUVRAGES DE BENJAMIN GASTINEAU

—

CHEZ HETZEL, RUE JACOB, 18.

Les Femmes et les Mœurs de l'Algérie (deuxième édition), un volume in-18 . . . . 3 fr.

Les Amours de Mirabeau et de la marquise de Monnier, suivis des Lettres choisies de Mirabeau et de la marquise et du Testament de Mirabeau, (deuxième édition), un volume in-18 . . . . 3 fr.

—

CHEZ DENTU, PALAIS-ROYAL.

La vie en Chemin de Fer, un volume in-12. . . . . 2 fr.

—

CHEZ PAGNERRE, 18, RUE DE SEINE.

Sottises et Scandales de temps présent (deuxième édition), un volume in-12 . . . . 2 fr.

—

PARIS, CHEZ TOUS LES LIBRAIRES.

Les Femmes des Césars (deuxième édition), un volume in-12 . . 3 fr.

—

Pour paraître prochainement :

MONSIEUR & MADAME SATAN

Tours. — Imprimerie nouvelle.
E. MAZEREAU, PASSAGE RICHELIEU, 11, PRÈS LA RUE ROYALE.

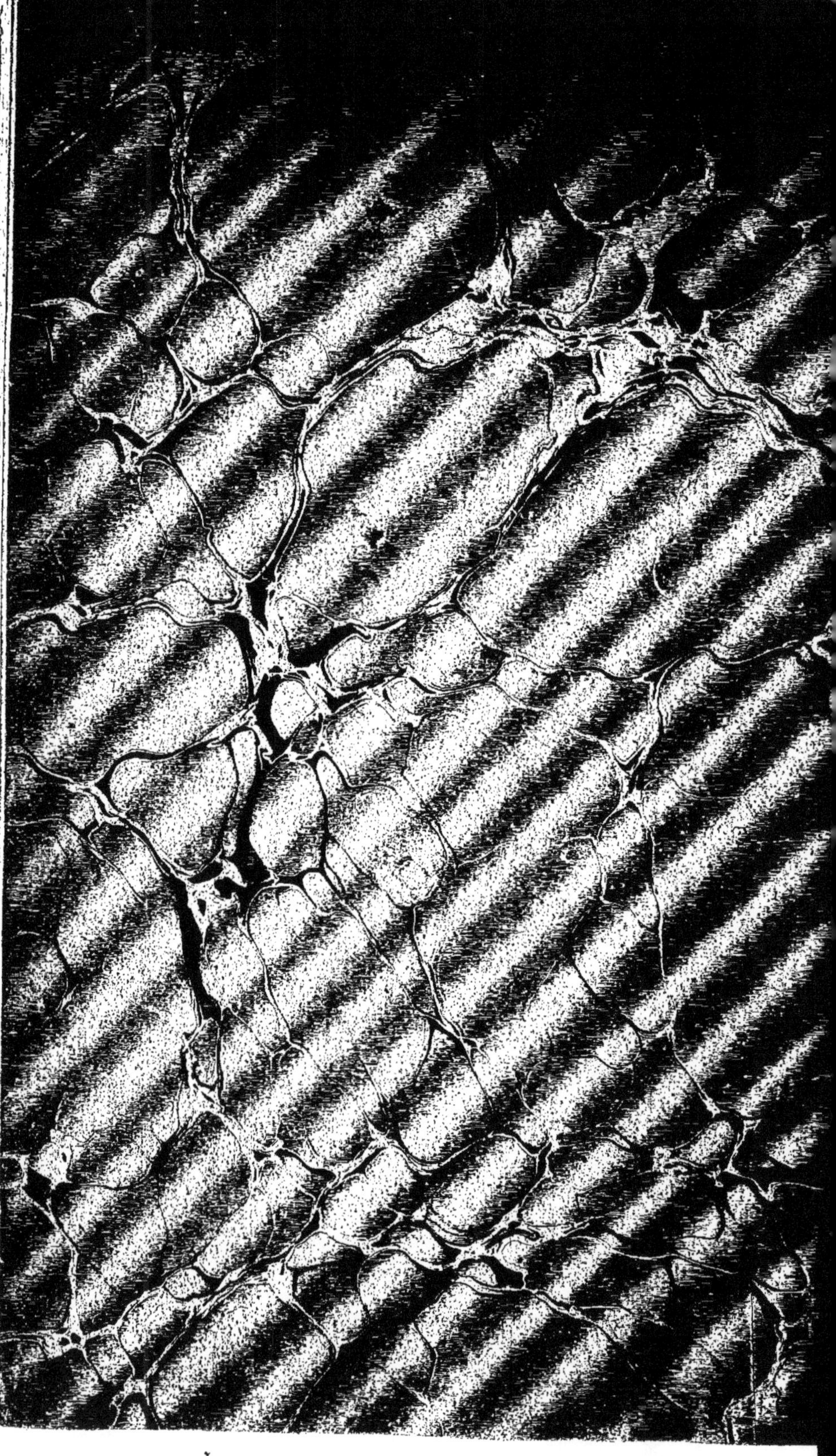

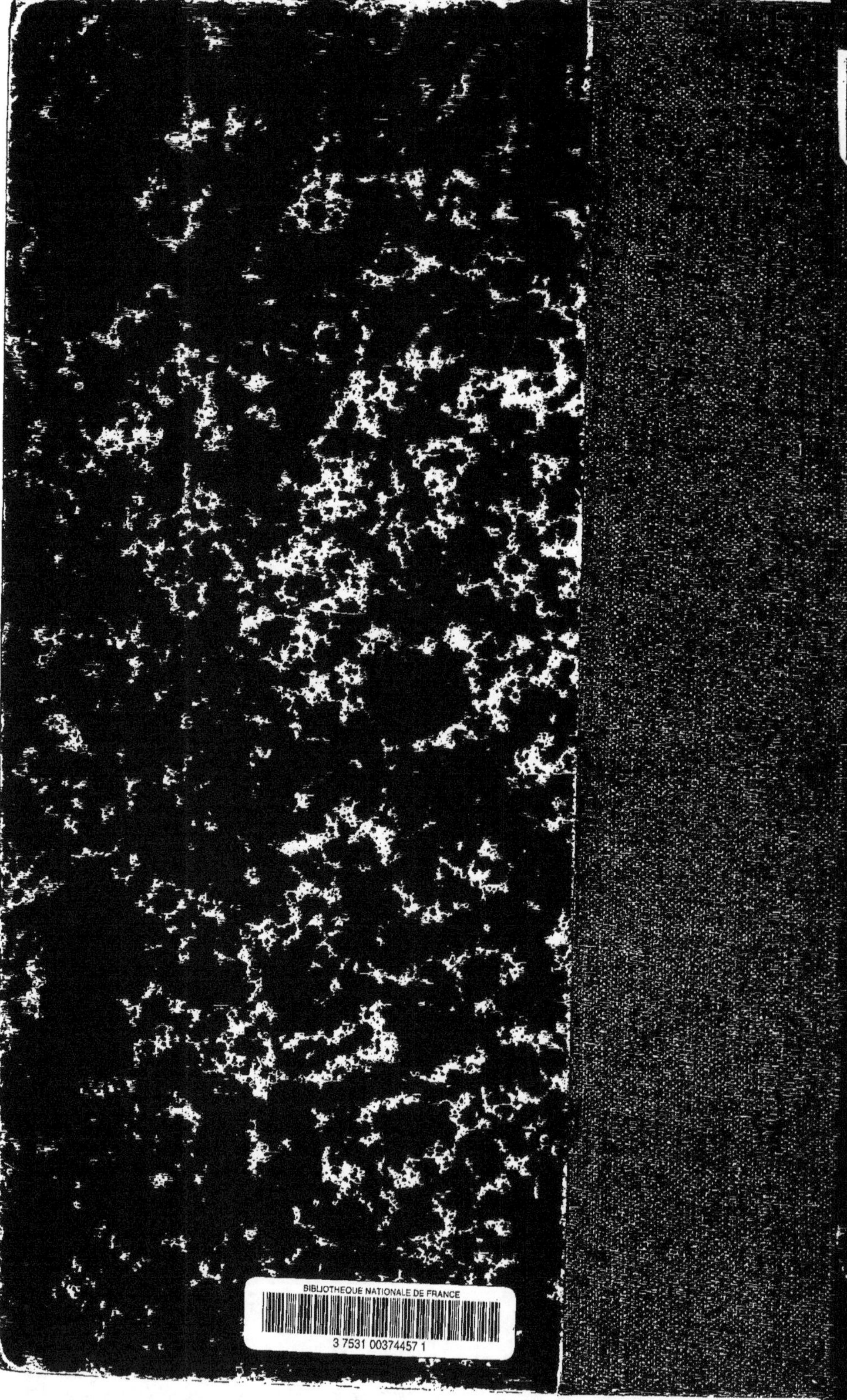

www.ingramcontent.com/pod-product-compliance
Ingram Content Group UK Ltd.
Pitfield, Milton Keynes, MK11 3LW, UK
UKHW020210250726
13967UKWH00003B/1379